中国景观设计年鉴

CHINESE LANDSCAPE YEARBOOK 2017

2017

杨学成　主编

（下册）

辽宁科学技术出版社

·沈阳·

■ CONTENT
目录

商业 & 街道

008　融科资讯中心 B 区

014　上海绿地新都会

022　金昌国际金融中心

028　郑州理想国艺术文化中心

038　泉州东海泰禾广场景观设计

044　新光天地苏州店

054　中海佛山环宇城

060　THE Suite 景上境服务式公寓

068　合肥万科"城市之光"

074　重庆龙湖新壹街

080　南信控股青岛环球金融中心一期

084 | 瑞虹天地——月亮湾

旅游 & 度假

090 | 水月周庄铂尔曼酒店

98 | 月亮湾·桃花源里

104 | 西安高新骊山下的院子

114 | 汤山新城

122 | 合肥万达酒店

128 | 城头山遗址外围景观再现

134 | 与西湖的不解之缘——勾山里

140 | 海南棋子湾开元度假村

146 | 阳江敏捷黄金海岸度假区

152 | 天象台山顶索道站台广场

156 "洗药池—青蒿园"历史主题花园

162 长隆·熊猫山 & 4D 乐园

168 洛嘉山精灵松塔乐园

176 洛阳古城保护与整治

180 "竹园"

186 璞岸 PURE33

示范区 & 售楼中心

194 济南鲁能领秀城公园世家展示区景观设计

200 无锡美的·公园天下

206 杭州绿城留香园生活体验馆

214 宁波东方公馆实体展示区

220 广州金地香山湖展示区

228 太行瑞宏朗诗金沙城展示区

234 融信保利·创世纪

240 上海周浦世茂·云图

246 上海·龙湖天钜

252 仁恒·公园四季

260 国泰璞汇接待中心

264 苏州湾·天铂

274 郑地·美景·东望

280 东原亲山

286 索引（设计公司）

—— **商业 & 街道**

融科资讯中心 B 区

上海绿地新都会

IFC 国际金融中心

郑州理想国艺术文化中心

泉州东海泰禾广场景观设计

新光天地苏州店

中海佛山环宇城

THE Suite 景上境服务式公寓

合肥万科"城市之光"

重庆龙湖新壹街

南信控股青岛环球金融中心一期

瑞虹天地 – 月亮湾

中国，北京

融科资讯中心 B区

易兰规划设计院／景观设计

建成时间：
2016年
面积：
20,600平方米
摄影：
林一，易兰规划设计院
项目委托：
融科智地房地产股份有限公司
获奖情况：
2017英国景观行业协会国家景观奖；
2017年北京园林优秀设计二等奖

项目位于中关村核心商务园区内，作为北京二环旁边地标性建筑周围的公共空间，该项目园林设计可极大改善城市环境，营造出一个开放亲和的景观空间体系。易兰负责了园林景观概念、方案、施工图等重要设计。设计提出"在花园里办公"的理念，将以前那个无序的、未充分利用的户外区域转化成了办公人群和市民活动的城市客厅。

设计提炼建筑立面符号语言，将线性元素以铺装、植被、小品、照明等不同的方式呈现，营造出多样化的功能空间。重新梳理因单向交通引起人车混乱问题，增加车行环岛，实现人车分流。梧桐树阵广场设计延续南北方向上的景观轴线，为办公园区提供林荫休闲空间。南侧的水景广场，改造水景的池壁和压顶，营造大气的公共开放水景。

入口广场一角的联想小屋纪念花园别具韵味。30多年前，40多岁的柳传志就在这个小屋内开始了自己的创业人生，现在这里变成了融科资讯中心。小屋作为联想的起源和情节，被保留在这一片现代化的建筑群中。设计保留"联想小屋"旧址，突出了联想小屋的历史特征，配合"水滴石穿"水景小品，打造具有场地感的文化景观，延续场地的历史记忆，突出企业文化和联想人锲而不舍的企业精神。

这里的变化令人瞩目，整个区域从一个相对封闭的商业空间变成了一个开敞的城市公共空间。简单、开放的空间组织，大面积的绿地和铺装，以及精致的设计细节，为附近工作和居住的人群提供了一个方便可达、开放复合的城市空间节点。通过景观的改造大大地提高了原始场地的影响力，为人们提供了一个理想的商业空间，形成良好的品牌效应，吸引了谷歌、英特尔、联想等世界500强公司纷纷入驻。这里亲和开放，聚集人气，迸发活力，成为办公白领的互动交流空间和周边居民的户外休憩社交空间。

总平面图

改造后收水缝节点平面大样：10

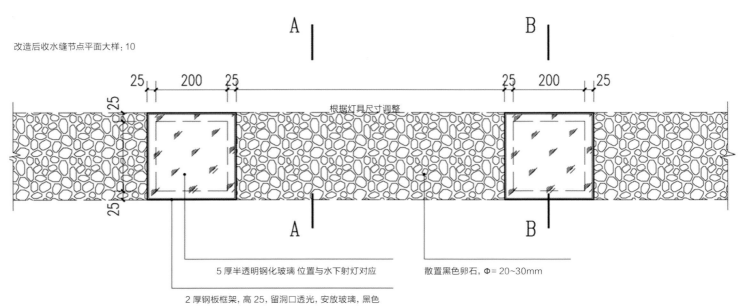

25 200 25   25 200 25

根据灯具尺寸调整

5 厚半透明钢化玻璃 位置与水下射灯对应   散置黑色卵石，Φ＝20~30mm

2 厚钢板框架，高 25，留洞口透光，安放玻璃，黑色

中国，上海

上海绿地新都会

上海摩高建筑规划设计咨询有限公司／景观设计

建成时间：
2017年
面积：
14,000平方米
摄影：
邬涛

项目位于上海市嘉定区江桥板块，属于虹桥枢纽商业发展区域，周边商业配套完善，以"水院江桥"为建筑理念，由自然水系将地块划分成三大类型，分别为商业庭院、办公水院、城市花园。

傍水而生，依水而兴

景观以"傍水而生，依水而兴"为主题，汇聚江南美学，以城市能量线"水"为元素，打造水韵江桥。将水滴、涟漪、河流通过空间形态的衍化融入景观设计之中。风淡淡，水潺潺。动一片静光。

悠悠舒云卷，隐隐静花开

通过运用现代时尚的线条简练勾勒出"水韵"之意，利用巧妙的绿化种植，以打造"悠悠舒云卷，隐隐静花开"的意境。

行观水韵，坐看云起

石材拼贴组成的极富肌理感的水景墙，跌水与植栽相互交叠，涌泉的增加使整个空间更为灵动。以白色条石展现了空间的"水韵"肌理，以彰显整个样板区空间风格的时尚与活力。水韵悠悠，造一处淡妆浓抹总相宜的庭院画境。

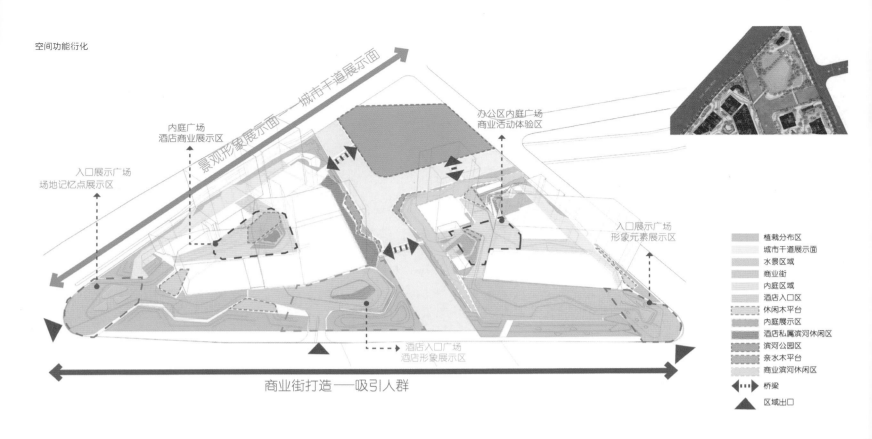

内庭广场
酒店商业展示区

入口展示广场
场地记忆点展示区

景观形象展示面——城市干道展示面

办公区内庭广场
商业活动体验区

入口展示广场
形象元素展示区

酒店入口广场
酒店形象展示区

商业街打造——吸引人群

植栽分布区
城市干道展示面
水景区域
商业街
内庭区域
酒店入口区
休闲木平台
内庭展示区
酒店私属滨河休闲区
滨河公园区
亲水木平台
商业滨河休闲区

桥梁
区域出口

建成时间：
2016年
项目面积：
10,883平方米
摄影：
王骁
业主：
金昌集团

中国，绍兴

金昌国际金融中心

安道设计／景观设计

身处都市的核心商业区，
在场地和空间的限制下，
我们要找到一种方式，
既能强调景观的空间序列，
又能在局促的场地中释放出从容与自由感。

项目位于绍兴柯北CBD中心，是一座集高档办公、展示、洽谈等于一体的多功能综合性超高层写字楼。建筑将场地围合成一个绿色广场，通过多层次的植物设计形成了从城市到建筑的延续和过渡，在多样性的连续空间里，填充绿色的介质，形成具有自然属性的绿色办公空间。

线条交织，简洁气质

干净利落的直线条与渐变的韵律交织，勾勒出现代商业都市的简洁气质。以高层建筑为背景，沿中轴线铺设矩形草坪，开阔而大气。中轴两侧以列植的大乔木增加入口的仪式感，同时林下设置座椅，满足日常的休憩的功能。

材质交叠，光影重重

项目入口以对称布置的景观跌水增强入口整齐的韵律，选用常见的石料为基底，延伸笔直的线条勾勒出现代办公空间的简约气质，层层跌水增强了空间的动感，并通过水元素柔化了建筑空间生硬质感。

景墙延续了石材的质感，用修剪整齐的灌木植物强调城市界面的秩序感，与背景林形成丰富的层次对比。将自然界中丰富多姿的肌理语言融入景观，产生了戏剧性的对比与张力。

流畅动感，绿意蔓生

通风井位置增加了木质廊架和休憩吧台，以流动的弧线创造了一个更为流畅、更加动感的户外休闲空间。即便在工作之余，散心漫步其间，品味蕴含深刻寓意的雕塑小品在心灵与精神上得到释放。

在植物的搭配上，主要运用充满地方特色的香樟、广玉兰、七叶树等为基

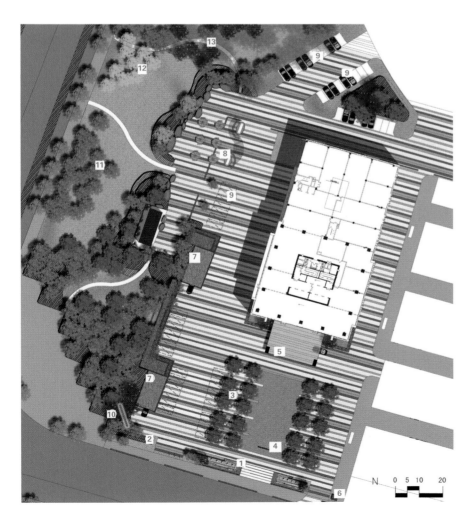

总平面图
1. 入口水景
2. logo 景墙
3. 林荫步道
4. 大厦标示物
5. 大厦入口
6. 岗亭
7. 生态地下车库
8. 商业吧台
9. 地上停车位
10. 广告牌
11. 无患子主题林
12. 樱花主题林
13. 杜英主题林

N   0 5 10   20

调树种，重点地带点缀热带树种，利用充满现代感的植物造型，展现如水流畅的动感，从视觉上带来愉悦的享受。

正因为有了限制，
自由才显得更加珍贵。

我们用自然的元素营造多层次的景观空间，
让行走其中的人们感受到心灵的释放，
在有限的空间与条件下创造都市里的绿洲，
在流淌的自然中收获身心自由。

中国，郑州

郑州理想国艺术文化中心

上海翰祥景观设计咨询有限公司／景观设计

竣工时间：
2016年
地点：
河南省郑州市大孟镇
景观面积：
14,086平方米
铺面：
库巴绿、654、山西黑、摩卡黑
乔木：
早樱、鸡爪槭、银杏、北美红枫、紫薇、朴树、蒙古栎、皂角等
建筑设计：
Verse Design 上海建言建筑

关于本案

理想国项目总面积将近4平方千米，处于郑州市与开封市中间。改造前，村落围绕狭窄的街道聚合；非正式的农贸和小商品摊位占据了街道的空间；两条水道从未受到重视，其中堆砌着垃圾，生长着密集的藻类，城镇功能落后。

新城镇中心

在开发者的愿景推进下，"理想国"的规划设计依循"新城市主义理念"开展：

● 尊重土地的记忆与生活温度，期许为城镇构建影响居民行为，最终促进邻里和地区的健康发展

● 强调以人为本的交通尺度，提倡健康出行，在城镇中糅入更多的慢行交通系统

● 尊重自然，尊重原有生态及水文，构建城镇与自然脉络的和谐共荣

整体规划中涵盖交通系统、慢系统、绿地空间系统、生态系统等。中央占地达88,000平方米的中央公园是新城镇绿地空间系统、生态系统、小区活动的聚集地，也是新城镇的中央绿肺。

"艺术文化中心"位于中央公园最北端，与公园紧密相连，这里搭配公园为城镇居民提供更为多元、生动、自然、舒适的城镇新生活，是中央公园乃至整个新城镇的"中心"。

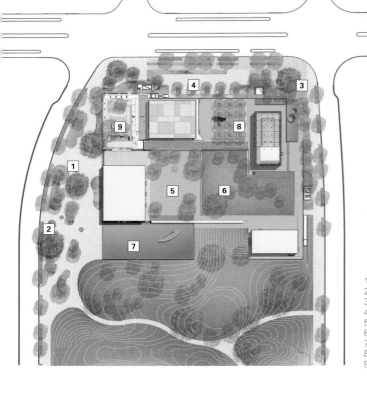

1. 漫步广场
2. 雨水花园
3. 茶语广场
4. 带状公园
5. 艺术庭院
6. 音律草坪
7. 光雕水景
8. 银杏广场
9. 儿童阅读花园

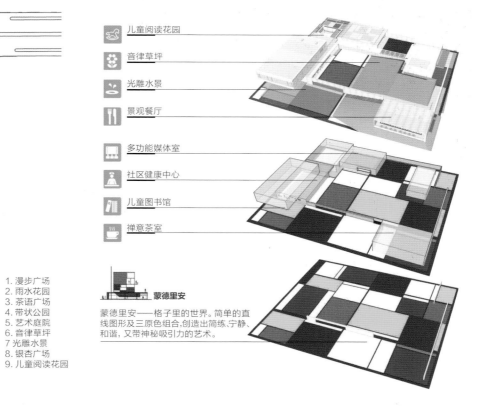

儿童阅读花园

音律草坪

光雕水景

景观餐厅

多功能媒体室

社区健康中心

儿童图书馆

禅意茶室

蒙德里安

蒙德里安——格子里的世界。简单的直线图形及三原色组合,创造出简练、宁静、和谐,又带神秘吸引力的艺术。

开放友好的设计

景观空间的具体配置与性格,都围绕"开放"与"友好"两个概念开展。

景观设计从各个层面思考开放与友好,大至活动规划、空间功能,视觉感官;小至材质触感、街道家具及公共设施配置与样式、四季花卉品种、色彩。

整体景观多以轻柔方式表达,形体以曲线为主,以求降低建筑的距离感,让人更易亲近。

这一点在基地西侧的表达尤为明显:广场配置多处座椅供人休憩,在提倡健康出行、复育生态系统的规划概念下,以当地植被构建雨水花园,同时设计了自行车专用道以及停放处。

应用当地石材,与植栽混搭出自然新奇趣味,让当地记忆得以在新的建筑之中存续。

流动的空间

从规划设计初期开始，景观设计持续与建筑师就建筑与景观的融合进行了大量讨论。

如何将五栋不同功能的建筑与景观融合一体，让文化中心呈现一种浑然一体生长于自然之中的面貌？如何巧妙串联各个功能属性不一的景观空间，并在分割的同时坚持开放友好的设计原则，让使用者的游逛与活动更加惬意、自在、自然，是文化中心景观设计的最大课题。

我们试图避免以硬质的钢筋水泥进行建筑间的连接，硬质的分割会让整体空间变得僵硬，"连接"变成"区隔"，对于人的自由穿行不够友善。经过与建筑师的多次讨论沟通，最终所有建筑均以景观主导的"灰色"空间进行串联。不同功能、风格的空间由这些灰色区域区分，却又能彼此观望，以此建立更强烈紧密的空间连接关系。

换言之，构建出顺畅的、极具流动性的整体空间感。

为了更好地糅合景观、建筑和室内，我们更建议建筑师，在建筑体上"开洞"，让室内空间与室外景观，彼此渗透，创造"框景之美"。

作为一个为城镇提供精神文化生活的聚集地，相对于"讨好眼球的观赏性"，空间的多功能弹性和友好度要求更为重要。

因此，占地最大中庭空间反而成为设计留白最多的地方，由一个散布五个小型植栽组团的硬质广场与一个几乎与广场同样大的草坡绿地共同组成。

经过细致的空间整地设计，缓缓而上的草坡也是一个天然的"台阶座椅区"，在节庆时，通过简单的坐垫摆放，就能轻松容纳几百人席地而坐，将硬质中庭作为"演出舞台"，举办各类演出活动。

空间的多功能性被充分调动起来：20个人，聊天、读书、小憩；50个人，家庭野餐、朋友小聚；300个人，看一场露天电影、来个社区音乐节，甚至举办个草地婚礼；500个人，跨年晚会、大型演讲，或者社区全民舞会。

因应不同的使用人数，空间将呈现完全不一样的性格。

儿童阅读花园

延续位于主体建筑二楼的儿童图书馆，二楼屋顶花园被设计成"儿童阅读花园"。

这是一处动静结合的场所，既可以在此处阅读，也可供小朋友戏耍玩闹。

其中的所有设施物均由H&A自行设计、采买，以求整体氛围的协调性，同时最大限度地保留儿童玩耍的趣味性。

这里同时也能举办任何社区阅读活动或各类儿童早教课程，让室内儿童图书馆的功能更加丰富而饱满。

中国，泉州

泉州东海泰禾
广场景观设计

安博戴水道／景观设计

项目面积：
规划用地8.87公顷，景观面积4.77公顷
项目委托：
泰禾集团
项目合作：
建筑设计：GLC建筑事务所，RTKL建筑事务所
项目设计时间：
2014年–2016年
项目建成时间：
2017年
首席设计师：
Hendrik Porst，Florian Zimmermann
项目团队：
黄妙水、化雁林、李铖、马晔、李超君、叶剑昆、陶胜男

项目基址位于泉州市中心区域的丰泽区东海镇，沿江大道与晋江大桥连接线的重要交通汇集地段。场地交通便捷，周边居住区较多。整体场地相对平整，在南侧与城市道路有较大高差，场地中部有彩虹渠（市政排洪渠）南北向穿越场地直达晋江。

泉州建城悠久，文化深厚，长盛不衰的泉州港促成了城市多元文化的产生。泉州需要一个能集中演绎和展示其多元文化和城市特征的地方，而大型商业综合体由于功能以及服务对象复杂多样，其外环境空间更具承载城市精神的角色。在这个特殊载体的促成下，我们从传统与自然上汲取灵感，结合建筑设计和场地特征，关注人群活动和舒适空间，从强调商业价值出发，以景观与游乐一体化为核心，塑造以"城市绿谷、活力水岸"为主题的大型商业综合体景观设计。

自古代，泉州因城内遍植刺桐树，素有刺桐城的美誉。古代诗人有"刺桐花开刺桐城"等优美的诗句来形容泉州繁花似锦的景象。刺桐花形态优美，色彩艳丽，热情奔放，经过提炼可以用来作为泉州时尚都市新生活的象征。以刺桐花为商业综合体的景观设计主题，静态的形式语言与动态的多样化游乐活动紧密结合，共同打造景观游乐一体化的体验式商业环境。同时，富有泉州特色的环境景观设计也可以让游客感到愉悦与舒适，唤起他们对城市的记忆。

项目的景观轴线依托彩虹渠展开设计，渠道依次从南向北连接刺桐花广场、绿色峡谷及摩天轮广场，构成场地内最重要的景观中轴线。

刺桐花广场的核心亮点是在巨大的花朵造型铺装上伫立着一个名为"绿谷之窗"的框架型水景构筑物，与布局在下方的八瓣花水秀表演紧密结合，相得益彰，共同打造吸引眼球的水秀表演。

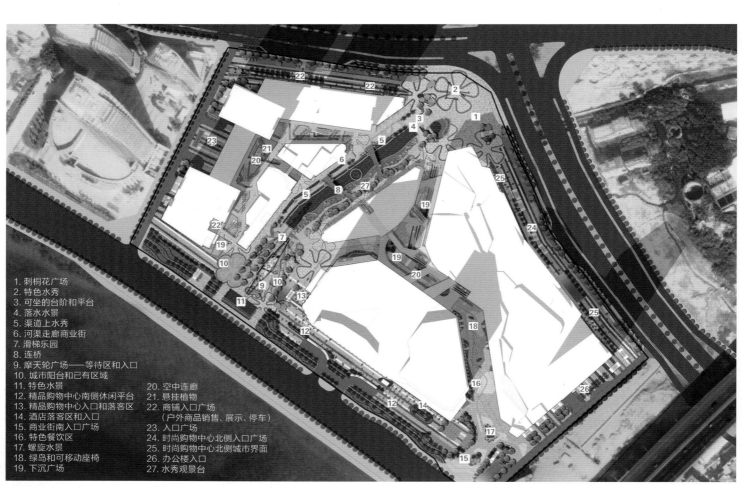

1. 刺桐花广场
2. 特色水秀
3. 可坐的台阶和平台
4. 落水水景
5. 渠道上水秀
6. 河渠走廊商业街
7. 滑梯乐园
8. 连桥
9. 摩天轮广场——等待区和入口
10. 城市阳台和已有区域
11. 特色水景
12. 精品购物中心南侧休闲平台
13. 精品购物中心入口和落客区
14. 酒店落客区和入口
15. 商业街南入口广场
16. 特色餐饮区
17. 螺旋水景
18. 绿岛和可移动座椅
19. 下沉广场
20. 空中连廊
21. 悬挂植物
22. 商铺入口广场
　　（户外商品销售、展示、停车）
23. 入口广场
24. 时尚购物中心北侧入口广场
25. 时尚购物中心北侧城市界面
26. 办公楼入口
27. 水秀观景台

绿色峡谷两岸各具特色，东岸为软质驳岸，通长的蜿蜒石径沿草坡起伏；西侧为硬质驳岸，呈线型序列布置若干异型水秀水池，整体造型模拟峡谷岩壁。不同的软硬风格形成强烈对比，实现了城市森林中自然化、戏剧化空间场景的塑造。

滑梯乐园是摩天轮广场的一部分，结合现状高差设计成塑胶攀爬坡面，在坡面上设置不同种类的滑梯和趣味性的攀岩设施，打造新颖开放的自然式儿童乐园。

本项目的景观设计旨在引导游客由外向内探寻，营造探险般的空间体验，为整个购物旅程增加一抹神秘新奇的色彩。这种集人文、娱乐为一体的自然式生态购物体验有益于更进一步吸引客流的循环反复，也能最大化室外商业价值。我们也在探索通过更加人性化、多样化、参与性的景观设计，在满足人们各种生活需求的同时使人们体验到新的城市生活方式，达到体验式景观营造的目的。

设计时间：
2015年
项目面积：
27,529平方米

中国，苏州
新光天地苏州店
上海翰祥景观设计咨询有限公司／景观设计

机遇·挑战

新光天地苏州店是台湾新光三越百货集团入驻大陆市场，自主持有经营并以新光天地冠名的第一家百货门店。

没有选择熙攘繁华的上海，这家在台湾首屈一指、拥有22家门店的百货集团，选择了苏州这个文化厚重的二线城市，期许打造一个糅合文创精神、提供独特购物、娱乐、休闲游览体验的新型百货。

在电商蓬勃发展的今天，百货业的设计必须另辟蹊径，在购物之余发展更多元的体验，吸引人们出门消费。为了给人们带来更舒适的游逛感受，建筑设计以退层方式留出了大量露台空间，景观设计也很早就参与到规划讨论之中。通过与建筑的共同探讨，这些露台空间以及基地南面留出的大块腹地，都最大限度地开放大众，回馈城市居民。

这些举措，使得新光天地苏州店从B1到7F，使用面积仅在50%左右。商业坪效退居其次，新光天地苏州店成为国内拥有最大屋顶花园的百货公司。景观设计也得以在更为有利的条件下展开。

现代园林式百货

项目以"现代园林式百货"为设计策略,从深厚的苏州园林文化汲取灵感,希望以现代表现手法呈现一个融合中式园林神髓,集合多样丰富性、人文艺术性及自然生态性的百货公司。这包含了两个意思:

一、所谓"园林式百货",不仅仅是从景观布局上让园林环绕百货建筑本体,让建筑仿若生长在园林中一般和谐自然,更是要将游逛园林的情致、趣味、悠闲、惬意,由外到内,释放到整个百货公司。创造游览园林一般的休闲氛围,即使没有购物目的,也乐于来此聚会、游览。

二、谈"现代园林式",意味着现代与古典园林的有机融合。这种融合不仅仅是将古典与现代园林元素进行提炼、糅合,更是创造一种饶有趣味的对话,让现代与古典,东方与西方碰撞出创意的火花。这种"碰撞"的理念获得了客户的赞同,东方遇见西方、苏州遇见威尼斯的主题也由此展开。

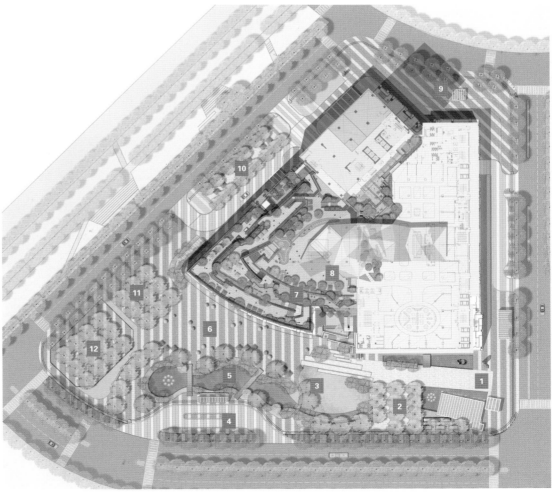

1. 迎宾水景
2. 榉树广场
3. 生活草坪 跌水庭园
4. 公车亭
5. 水庭园
6. 艺术广场
7. 露台园林(3-5F)
8. 天空之城(6F)
9. 办公室广场
10. 城市休憩区
11. 树阵广场
12. 自行车停车位

东方遇见西方

"东方遇见西方，重启丝路之旅"，是新光天地苏州店首层商业招商运营的主题。

一层景观设计也以同样的主题进行发想。迎宾广场主要由基地东南角的入口区及自然水景公园组成，两者通过榉树休憩广场进行了区隔；另外，配合百货人行及车辆出入口、城市轨道交通入口，基地东西两侧设置了功能性景观空间。

百货入口落瀑水声潺潺，从听觉上吸引游客注意，带出活跃的商业迎宾气氛；落瀑墙体以自然面条石进行错落拼接，效果朴实自然；金属格挡与落瀑水景墙垂直相接，巧妙地遮挡了地铁排风设备，同时也为榉树休憩广场回望喷泉提供美好背景；格挡图案以苏州园林的花窗发想，空间因此多了一份雍容与雅致。

另一侧的镜面水景，则以现代简洁的线条勾勒出苏州园林的恬静意境，一动一静，与落瀑喷泉相映成趣；

与入口区的现代感相对,自然水景园的整体设计效法苏州园林自然天成的法则,旨在给予游览者"如在图画中"的舒适感受。

大草坪尽头的端景流瀑水景墙是公园的起点,阶梯式的自然水道将水景墙与公园的主景池塘连接起来。

取苏州园林中平桥的凌波行走之意,水景园之上共设三座桥梁,形态一曲两直,不仅提供了由公交车站不同位置穿行入场的功能,停驻桥上,风景亦各有不同。

池塘中遍植荷花、睡莲、黄菖蒲、旱伞草等姿态各异的水生植物,边缘则以垂柳、榉树、枫树等乔木搭配杜鹃、金森女贞、栀子、月季、四季草花等,色彩、景致层次丰富、四季变换、各具风情。池塘端头喷泉采用与入口处喷泉一致的形式,表达首尾呼应的理念。

入口区、自然水景区"貌离"却"神合",扣准"东方遇见西方"的设计策略,极佳地展现百货特质的同时,为人群提供舒适、有趣、功能丰富的活动空间。

苏州遇见威尼斯

苏州遇见威尼斯，是现代园林式百货的继续引申。

苏州城区河网密布，苏州园林极善理水，威尼斯更是世界闻名的水城。以"水"作为主轴元素，用现代的简练线条将苏州园林自然式的水池、河流、溪涧、流瀑、涌泉以及威尼斯的城市水道进行糅合。

六层空中花园取"游山玩水"之意，穹顶也拟态"山"形。配合百货业态，景观从户外延伸进入穹顶之中，可供戏耍游乐、小坐休憩，也可举办各类活动；穹顶的充足采光让植物在内部也能茂盛生长，为人们带来更好的游逛感受。

五层的空中花园则呼应一层入口区的"小桥流水"，并将其发挥极致。

高低错落的空间，以各式各样的水来连续、串联，并以苏州园林的设亭栽植之法，搭配设施及四季植栽，丰富有趣。

流水虽无颜色，却映出天光万色；曲折婉转之间，拱桥巧渡，让景观层次更加丰富、深邃；运用孤植、对植等手法，悉心为空间进行树木与休憩座椅的搭配摆置，步移景异，更见游逛趣味。

四层的空中花园，植物更加茂密而丰富。落瀑自商户落地玻璃上方倾注而下，左右两边，均是经过精心搭配的垂直绿墙。

细微处的空间关怀

在百货三层、二层以及地下一层，也都设有户外露台空间，供人们游逛休憩。从每一个小小空间的细微关怀，实现"现代园林式百货"带给人们的新型购物体验。

百货内部也运用了大面积的垂直绿化装点空间。这些绿色植被使得"园林式百货"的理念得以蔓延到室内，更加完整地呈现出一个自然舒适的"百货游园"。通过搭配不同叶序、叶形、色泽的草植，墙体呈现出极具层次的活泼图腾，生机勃勃的绿色软化了钢筋铁骨带来的生硬之感，在现代都市之中，尤为让人自在放松。

中国，内江

中海佛山环宇城

澳派景观设计工作室／景观设计

建筑设计：
亚图建筑设计咨询（上海）有限公司
景观施工：
深圳市华美绿环境建设工程有限公司
建成时间：
2016年
项目面积：
112,291平方米（商业和住宅）
摄影：
安德鲁·劳埃德（Andrew Lloyd）
业主：
佛山中海环宇城房地产开发有限公司

在设计团队开始为中海佛山环宇城提供景观设计时，就知道这一综合体项目将在中国呈现独一无二的魅力。该项目的商业空间与公共开放空间相得益彰，为人们提供了相聚和与景观互动的全新机会。

项目景观由澳派景观设计工作室ASPECT Studios上海和悉尼工作室共同设计，也是这个项目的点睛之笔，通过全天候可以体验的公共空间来吸引人们聚集，辐射范围超越佛山拓展到广州。

该项目占地112,291平方米，是一个功能多样的商业综合体，与城市的公共交通无缝连接，并拥有自然的水系，拥有开阔的公共空间，在中国商业综合体中独树一帜。景观的核心亮点在于一个由混凝土制成的、高度整合的儿童水游乐公园，由中海集团运作并免费向整座城市开放，不仅为家人和孩子在炎热的夏季提供凉爽，更成为享受空间乐趣的快乐场所。

整个公共空间由清水混凝土和当地花岗岩建成，配有自然绿色元素，如当地灌木丛、树木和棕榈树，为游乐和休息区创造了阴凉。以人群体验为核心的环境以不同的方式提供了大量与景观互动的机会。

中海佛山环宇城改变了中国商业景观设计的方式，为中国商业综合体目的地创建了一个全新的基准。作为首个华南区域商业综合体水游乐的公共空间，该项目开放后聚集大量人气，不仅为家人度过快乐时光提供一处理想之地，更大大促进项目场地零售业发展。对于业主而言，这是他们实践全新理念的一步，相信通过创造社交环境可提供以家庭为基础的商业体验。该项目也是一个我们共同创造的有力实证，证明了为人们而创造的、充满互动的公共空间，是会带来长期投资回报的。

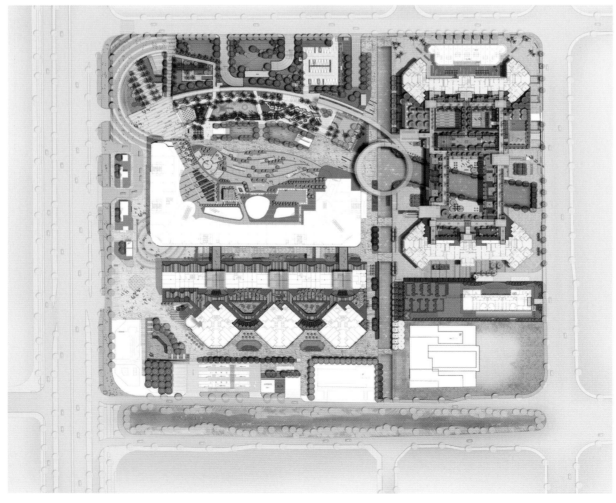

总平面图

中国，上海

THE Suite 景上境服务式公寓

上海翰祥景观设计咨询有限公司 / 景观设计、软装设计

THE Suite 景上境服务式公寓位于上海市吴中路与白樟路交界处。

熟悉业务的出租车司机，总会机警的提醒乘客避开吴中路，这里每天车水马龙，从不间断。

以满足用户的需求为目的而进行的景观设计，因地制宜，独运匠心，在这里创建了一片独特的静美的花园绿地。

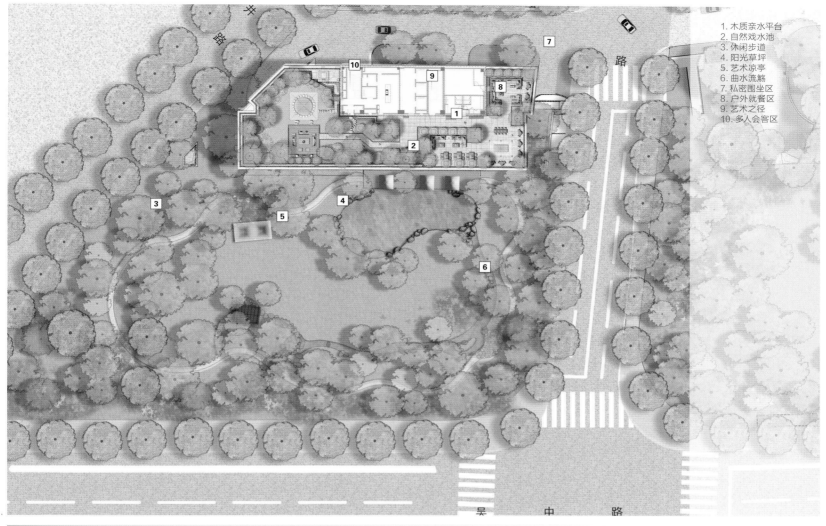

1. 木质亲水平台
2. 自然戏水池
3. 休闲步道
4. 阳光草坪
5. 艺术凉亭
6. 曲水流觞
7. 私密围坐区
8. 户外就餐区
9. 艺术之径
10. 多人会客区

软装设计：

上海翰祥景观设计咨询有限公司

竣工时间：

2016年

占地面积：

8,000 平方米

屋顶花园：

800 平方米

乔木：

大阪松、黑松、金桔、胡柚、杨梅、红梅、杏树、樱花、海棠、紫薇、山茶、鸡爪槭、红枫、羽毛枫

公寓于2016年开业，除对外经营，也为集团高管提供服务。

因此，较纯粹的营利性酒店，景上境服务式公寓更多了一份温度和关怀。景上境的名字虽然简练，却自有寓意。景，即地面"静园"的庭院之景。境，则是指十一楼露台花园的天空之境。

借由花园空间的自然环抱，景上境在纷扰热闹的主干道旁，辟出一块怡然独立的静谧空间，唤醒城市生活者的自然记忆。

静园

设计静园时，我们希望通过视觉、听觉、触觉甚至嗅觉，介入并影响身处静园的人们，让人由内而外的缓缓呼吸，放松身心，享受更纯粹的"静"。

因处吴中路旁，减弱噪声尤为关键。由复层绿植围合阻隔，留白的草坪，蜿蜒的小径，让静园中主要的休憩空间尽量地远离了街道，"静"得以在空间中漫延开来。

丰富的植物配置，带给庭院四季变换的美好风情，湖泊和溪涧的加入，则为庭院带来更多的生态功能。锦鲤、雀鸟、蟾蜍……得以在这城市中心栖息生存。

天空之境

十一楼的屋顶花园，是真正的"景"上之"境"。

业主希望将这里打造为独具特色的聚会之所。在有限的条件下，尽可能多地满足了不同规模的聚会需求。最终景上之境分左右两边，以相对的"开放"与"私密"属性，呈现独具魅力的花园场所。

这里既能举办80余人的鸡尾酒会，也能承揽20余人的精品盛宴。根据场地特性进行的灯光设计，让夜幕时分的空中庭院展现出动人的妩媚气质。

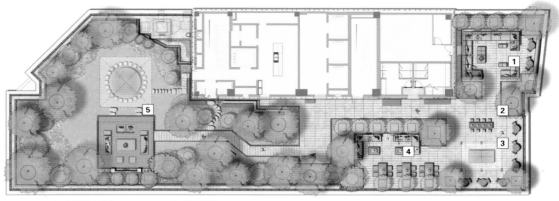

1. 木质亲水平台　　4. 阳光草坪
2. 自然戏水池　　　5. 艺术凉亭
3. 休闲步道

30余棵大小乔木在这个离地35米的地方安家，八重樱、吉野樱、垂丝海棠、丛生紫薇、腊梅、美人茶等多种季节花卉，在屋顶上顺序绽放时令之美。

草花灌木层层漾开，身心也仿佛得到了舒展。

松柏长青，秋日枫红，天空之境有着属于自己的热闹与沉静。

庭院之上，天空之境；
车水马龙旁，感受另一种时间。

通常, 大型都市商业体给人一种身处混凝土丛林一般的感觉, 但澳派景观设计工作室ASPECT Studios在中国安徽省的最新项目则展示了精心设计的都市景观不仅可以呈现场地周边的绿色资源, 更能增强人们与自然和商业环境的互动方式。

受合肥万科事业部的委托, 澳派景观为其地标性的"城市之光"项目提供景观设计服务。该项目集购物中心及高层办公楼为一体, 位于中国安徽合肥市, 在其南面有一条小河, 流淌于商业体和周边住宅区之间。合肥天气干燥, 当地人非常喜欢来到河边休息放松或聊天聚会, 因此景观设计时澳派景观特别注意到了这一传统。

澳派景观和业主团队密切合作, 创造了一系列以人群为主的体验和功能, 从而满足社会和商业需求。

设计灵感来源于当地这条流淌的河流, 通过灵动流畅的曲线增强体验感受、鼓励人群活动、促进场地便利性。

铺装组成的流动线条形成空间韵律, 引导人们进入场地的不同空间。他们还通过3D技术对设计进一步研究, 最大化视觉效果、打造自然感觉。

场地内包含绿色公共空间、充满人气的商业临街和具有吸引力的公共广场。此外, 还有两个主入口广场, 用于举办活动和聚会, 并配以具有互动性的水景喷泉和公共艺术品。种植、灯光和水景则进一步将自然环境融入商业街中。

景观不仅为人们融入热闹的商业氛围提供了充足的机会, 更在商业环境中营造了自然感。中心广场以垂直花园和露台空间为特色, 攀爬和悬挂植物为这些空间添加了生机。商业内街设计了流畅的绿岛以及大量的座椅, 供人们休息或交谈。

通过对标准铺装模块进行组合, 实现流畅曲线效果。澳派景观的团队在施工现场指导施工人员, 确保以最高的品质实现项目愿景和细节。

该项目一期已建成并成功向公众开放。"城市之光"项目为社区提供了一次在绿色都市商业中感受丰富体验的机会。这是一个为人们打造的既热闹又具有吸引力的商业中心。

摄影师:
王睿
建成时间:
2016
面积:
33,200平方米
业主:
合肥万科事业部

建筑设计:
天华建筑
施工团队:
深圳璞道 (景观施工)、
南通四建 (建筑施工)

中国, 重庆

合肥万科 "城市之光"

澳派景观设计工作室 / 景观设计

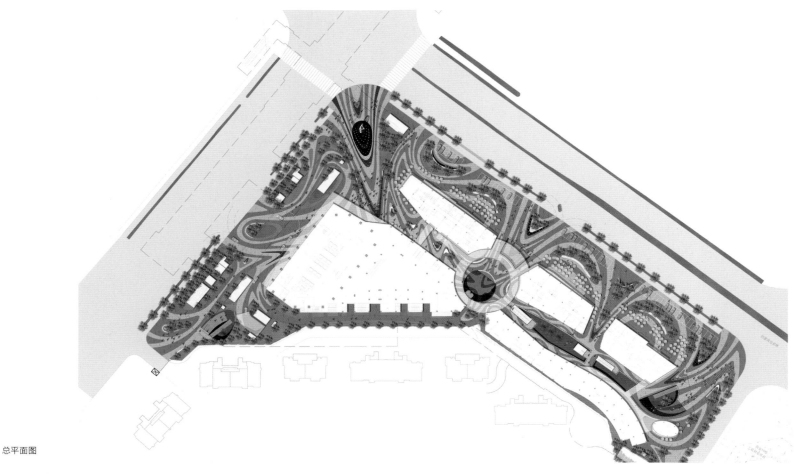

总平面图

建成时间：
2016
摄影：
重庆龙湖集团
面积：
6.5公顷
业主：
重庆龙湖集团

中国，重庆

重庆龙湖新壹街

TERRAIN 景观规划城市设计事务所 / 景观设计

重庆市是中国商业化排名第三的城市，是一个著名的山城，又是长江、嘉陵江、乌江等多条江河的交汇口。同时它是著名的天府之国四川的重要组成部分，城市生活的每一部分都体现着中国天人合一的传统文化理念。与四川的其他城市不同的是它承载着巴渝文化的许多城市历史记忆，同时在今天的中国，作为西南重镇的直辖市重庆充满了现代生活的活力与能量。如何把山城的水脉、文化、自然与历史记忆融入到这个新的现代商业综合开发之中，成为我们一开始接触项目就一直在思考的问题。

项目基地位于北城商圈的北面，是重庆最为现代化的"潮人"商圈。基地基本由四个组团组成，有将近6万平方米的面积，发展目标是将原来到达不便的重庆老旧居民及小商业混杂区，改造成为面貌一新的现代商业、办公、酒店综合开发区。在勘察基地中，我们发现了这个项目的巨大优势，也发现了它的巨大挑战。基地的优势集中体现在：

• 位于发展已较为成熟的北城商圈正北面，步行至观音桥步行街仅十分钟，有着极强的区位发展优势

• 基地紧邻重庆市轻轨三、六号线，红旗河沟站毗邻基地北端，且可以通过地下直达北入口，使得基地有条件成为城市核心的地铁综合体

• 位于基地东北的红旗河沟高架及东侧的建新北路等城市主要干道形成了基地周边四通八达的、方便快捷的交通网

• 基地所在地区人口稠密，商业发展成熟，充满了现代生活的能量与活力

但基地也存在着一些非常大的难点与挑战，它们体现在：

• 现状街道狭窄，且坡度很大（很多区位在10%以上），城市主干道建新北路与仅隔150米左右的商业主街的高差可达10米，这些都给建筑综合体及景观空间的开发带来很大挑战

• 老旧的现状社区标高高于毗邻街道达10米，而且仅靠一些非常陈旧和陡峭的台阶倒入人流

• 现状沿街商业皆为棚户类或临时搭建商业，非常凌乱混杂，且高高下下犹如迷宫

• 毗邻一二组团南入口的外经贸大厦位置不利，使得商业综合体的南面主入口成了倒入人流和形成城市商业界面非常不利的"葫芦口"形态

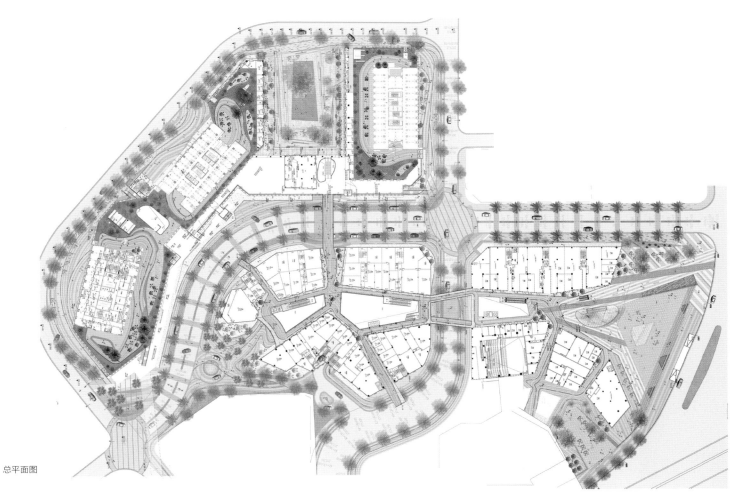

总平面图

一期整体鸟瞰图

• 外经贸的主入口高程高于商业主街达6~7米，且垂直界面状态非常不理想，急需加固及优化，这更进一步加剧了商业南广场形成友好城市界面的难度

通过多次对基地的深入考察和设计工作中的探索与探讨，我们在这个抽丝剥茧的过程中，确立了下面这些对项目发展至关重要的策略与方案：

1) 整体性引入流动感非常强的灰色系铺装概念，这一方面弱化了基地高差和空间变化频繁的不利因素，同时又强化了商业动线流动感强的理念，使得基地形成了鲜明统一、现代整体、活力四射，又优美素雅的标志性形象。

2) 通过对北广场、南广场、西广场、南部待建市政公园以及整体商业街的整体重塑，形成了与周边城区尤其是现状老城区的良好互动关系，以景观开放空间的方式解决了人流倒入的问题，增加了商业办公综合体的整体亲和力及可持续性的环境品质，为城市创造了价值及正能量。

3) 创造性地从南部市政公园引入人行天桥直接衔接商业一组团的二层广场，将观音桥商圈的人流通过建新北路及南部市政公园的良好室外开放空间直接引入商业综合体南入口，规避了建新北路与商业主街巨大高差的棘手问题，将人们通过美好的公园环境，无障碍的步行天桥方便安全，自然而然的引入商业综合体的核心部分。

4) 通过对车行交通流线的仔细梳理，革新性的改变了原规划从建新北路只有入口没有出口的交通现状，从而使得从城市主干道直接衔接商业核心的珍贵入口成为两入一出的车行主入口，为这个商业综合体的长久持续发展注入了一剂"强心剂"。

5) 对于现状经贸大厦巨大高差和垂直墙体的处理，我们首先在结构上对原埋于地下、现状暴露出地面6~7米的垂直界面进行了必要的结构加固，同时给外经贸引入了独立的入口以解决高程差异下的消防车环通问题。在这个基础上，我们引入了垂直绿化与耐候钢穿透刻字墙相结合的墙体外立面优化设计，使得原本的"老大难问题"墙面成为了体现商业活力和绿色生态理念的"网红墙"。

贯穿商业综合体南北的商业主街的整体打造，和作为整个项目门面及城市界面的北广场的重塑也成为2014年的那个夏天到2016年的今天一直令人心潮澎湃的两个重点"故事"区。

作为这个项目的贯穿南北的轴心街道，我们希望这条商业主街既可以承载很强的城市干道的功能，又能够体现商业区以人为本，安全舒适而又亲和力强的特质。所以，我们在研究了许多案例之后首先引入了南加州著名的"比弗利"商业街的特色之一——棕榈树"，让这条大街成为重庆第一个也是目前唯一的以棕榈为特色行道树的商业大道。棕榈树一向被认为是商业的"最佳拍档"，原因是因为棕榈树仪式感，树冠位置较高，树干笔直单一，既能够形成与商业店铺的极好互动关系，又规避了由于树冠分叉太低太密对商业店面可视性的潜在影响，同时还非常易于安置商业照明、道旗、节日花卉等一系列烘托商业气氛的设施，在充分分析了重庆的气候适应性及事宜的棕榈树种后，我们大胆的引入了"老人葵"作为这个标志性的空间的灵魂树种。同时结合这一亮点，将街道整体打造成一个广场式的街道，让人行、车行、街道停车、商铺主入口等重要的街道元素都能够秩序井然的在棕榈树温暖的绿荫下和谐统一，融为一体。

北广场这个原本不大的高架路街边小公园成为了人们对这个即将拔地而起的新开发项目给城市带来的惊喜充满了期待。它毗邻红旗河沟高架和建新北路，将地铁人流从地下直接引入商业的北部主入口，周边有沃玛特等已经成形的现状商业，到底应该如何用好这个难得的改变城市面貌的机会呢？

首先需要解决的是城市界面的开放性，和人流引入的通畅性的问题。我们从北广场的东西两个主要人流的来源方向引入了两条微坡的"迎宾式"大道，形成象征胜利的"V"字形，同时通过广场大台阶和耐候钢特色种植挡土墙的结合，既解决了主要商业入口空间与公共街面空间的高差问题，又创造性的保留了原街边公园的成熟现状大树，成为城市新面貌与旧的记忆点完美结合交融的人性化空间。与此同时，通过地下通道将地铁红旗河沟的人流自然的引入

到商业核心的二层空间，并且在位于三层空间的北广场打造了一个"钻石"形态的天顶玻璃采光结构，这样的自然天光既带给穿越地下通道到达商业二层空间的人们一种意外的惊喜，又为广场与地下商业空间的互动带来了亮点。

我们将这个璀璨的代表着城市未来的"钻石"理念发散到整个北广场，形成特色性极强的三角形广场铺装，好似这个玻璃钻石结构所发出的点点光芒。同时伴随着"V"字形的迎宾大道，我们还设计了与无障碍迎宾坡道相得益彰的广场音乐喷泉和跌水瀑布。广场音乐喷泉活泼大气，互动性强，跌水瀑布的设计则独出心裁，灵动别致，并且结合穿孔灯光标志景墙和穿过瀑布的耐候钢小桥，带给人们热情、活力、清新和健康的独特体验及鲜明印象，愉悦的商业及都市氛围在水韵及绿荫的伴随下悄然绽放出无尽的魅力。

中国，青岛

南信控股青岛环球金融中心一期

澳派景观设计工作室／景观设计

建筑设计：
上海天华建筑设计有限公司
施工单位：
山东龙口南山园林工程有限公司
时间：
2016（一期样板区）
摄影师：
安德鲁·劳埃德（Andrew Lloyd）
业主：
南信控股

在过去的一年，澳派景观设计工作室在中国参与了一系列地标性的景观设计项目，而南信控股青岛环球金融中心将成为青岛市以及环渤海区域闪耀的光点。

南信控股青岛环球金融中心集定制企业总部、超甲级写字楼、超五星级酒店、高端购物中心及海景酒店公寓等多元业态于一体。澳派景观设计工作室为该项目提供景观设计，如今项目一期样板区已建成，在人们的期待中展示了其未来无限发展的可能以及共同协作下的设计是如何实现的。

青岛全新地标

受南信控股集团委托，澳派景观设计工作室为该地标性项目提供景观设计。光是希望的标志，是一座带有吸引力的灯塔。光也是我们不可缺少的生存条件之一，不同形式和类型的光都在影响着我们的日常生活。为了呼应该项目在青岛市的重要地位以及突显商务中心的"现代感、科技感、未来感"，澳派景观设计工作室ASPECT Studios以"光"为设计灵感，根据不同的场地性质，用特定种类的光赋予该场地特殊的功能属性及形态特征。

以动感活力边缘收边的种植池在商务经济圈内创造了一处简洁、现代风格的绿色生态环境。变换多种颜色的旱喷水景不仅为整个场地带来活力，更吸引儿童和大人前来共同玩耍。整个设计不仅创造了一个现代的商业环境，更为人们提供了一个充满活力且舒适的空间，供人们相聚、放松、互动，如开放式且具有标志性的广场、现代商业街、正式办公入口等，以确保在附近工作和生活的人们都真正享受这里的户外空间。

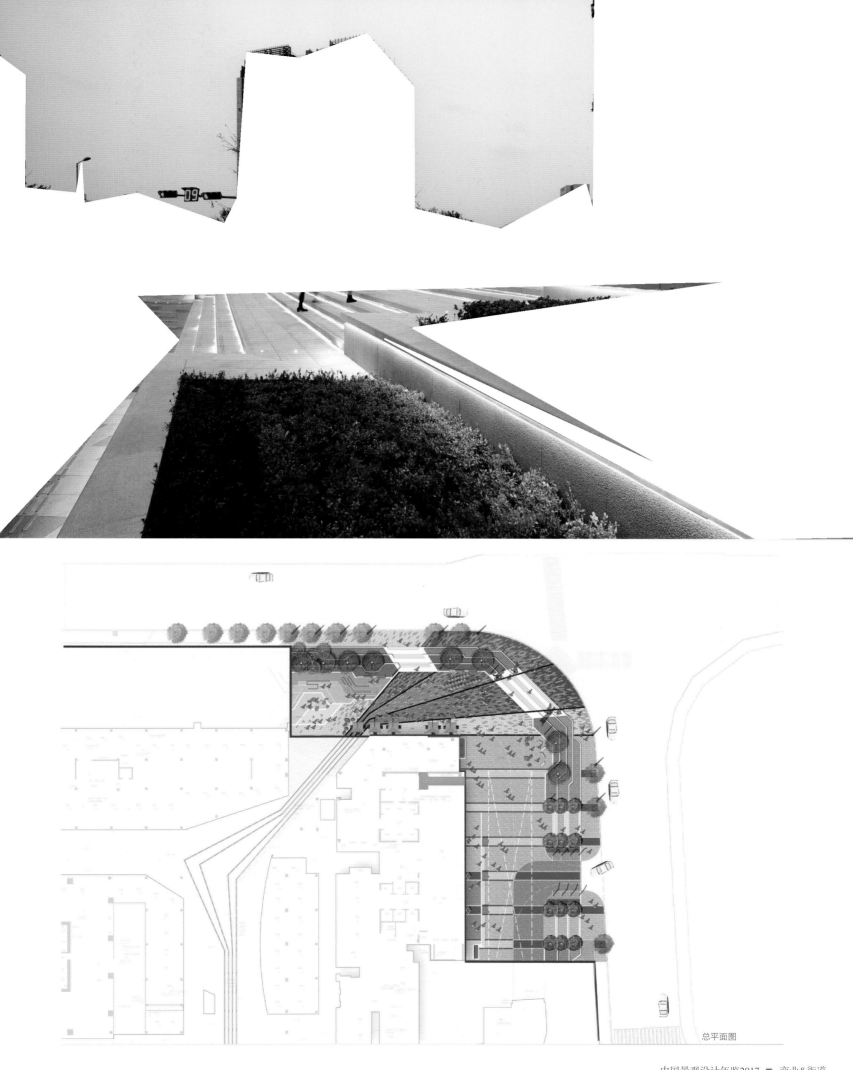

总平面图

注重细节

在整个设计和施工过程中，澳派景观与业主没有放过任何一丝细节。澳派工作室总监Stephen Buckle先生及扩初组负责人肖琳先生与南信控股景观主管杜宁女士多次前往现场，检查每一个细节，确保高质量的建成效果，例如确保铺装缝对缝整齐干净以及准确的跳色铺装定位。为了展现出干净的石材表面，澳派景观与业主和施工团队按照严格的要求，对石材进行防污、防水处理，确保每一块石材都做好防护工作。

共同合作

该项目的成功大部分原因在于奥派景观与业主的密切合作。奥派景观与业主共同讨论从高差到材料颜色选择的各种细节问题。为了更好地创造出从浅灰到黑色铺装之间自然的渐变效果，澳派景观与业主就颜色和材质做出细致的讨论，最终确定采用8种不同的铺装颜色。

在过程中，澳派景观也遇到了设计难题。场地高差较大，对设计造成了一定的限制，却也展示了他们设计的灵活性和创意性。由于场地室内外存在1.5米的高差且建筑室内标高不同，加之消防登高面的影响，在竖向处理上较为复杂，因此设计师最大限度利用变坡方式、整洁的台阶、带有休憩空间的种植池以及供人们社交的亲密空间来消化高差，并在有限的空间里尽可能的扩大广场区域活动面积。

虽然样板区是整个项目的一小部分，但是其高质量的建成效果让澳派景观更加期待未来整个项目的建成效果，也期待与业主、顾问团队及施工团队未来的合作，共同努力实现设计。

中国，上海

瑞虹天地
——月亮湾

WAA建筑设计事务所／景观设计

施工单位：
山东龙口南山园林工程有限公司
建成时间：
2016
业主：
瑞安地产

继新天地品牌所取得的成功，瑞安地产跟进推出瑞虹天地地标性项目——人们熟知的名称叫月亮湾——成为又一个独特的餐饮购物和娱乐的场所。本项目不同于其他"天地"品牌项目重在历史建筑的保护，它给人们带来一个全新的体验，现代风格的建筑与郁郁葱葱的绿化相互交融。富有特色的软景种植是本项目景观一大特点，美化人们的餐饮购物环境。水景和种植层层叠叠错落有致分布在各个层面，形成一个个立体、多层次的景观迷你空间，吸引人们去发现。

整个瑞虹新城包括10多个地块，其中月亮湾是瑞虹新城社区的文化中心。因此，该地块与四周的衔接要达到天衣无缝。瑞虹路林荫大道为人们营造愉悦、茂盛的绿色环境，人们由此进入商业文化中心。在这里，空间序列流畅自如，景观有机融入其中，从地面层延伸到上层广场、走道和露台。水景借助楼层高差形成层层跌水，植物和照明布置引导人们去发现幽静的弄堂角落和餐饮场地。

月亮湾内每个内"广场"各具特色、功能不一。"喷泉广场"是一个亲切温馨的场所，四周则是餐厅和咖啡馆。广场中央的喷泉和雕塑成为场地标志性景观，雕塑体量与人体大小相似，活泼有趣。三棵高大的日本枫树树冠成荫，树荫下成为室外餐饮场所，午后的阳光照在树冠上，在地上形成斑驳的阴影。而在另一处，位于中心的"月亮广场"则是人们娱乐的中心。这里是多层次空间，地面和地下层活动内容丰富。层层叠叠的水景和种植构成月亮广场景观的一个亮点，到了夜晚这里充满了生气，相邻的音乐厅和室外表演舞台给这里带来一片欢快的节奏。

月亮湾项目代表了人们在商业中心项目开发领域向前迈进了一大步。本项目景观、建筑以及商业功能有机融合在一起，为上海未来商业娱乐开发开辟了一个新的方向。

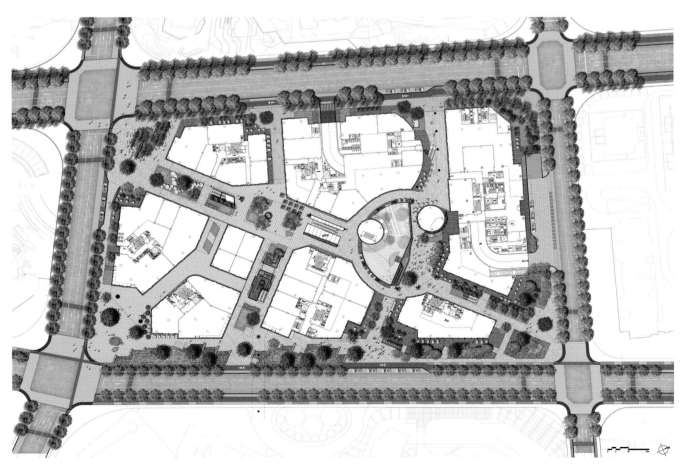

总平面图

—— 旅游 & 度假

水月周庄铂尔曼酒店

月亮湾·桃花源里

西安高新骊山下的院子

汤山新城

合肥万达酒店

城头山遗址外围景观再现

与西湖的不解之缘——勾山里

海南棋子湾开元度假村

阳江敏捷黄金海岸度假区

天象台山顶索道站台广场

"洗药池—青蒿园"历史主题花园

长隆·熊猫山 & 4D 乐园

洛嘉山精灵松塔乐园

洛阳古城保护与整治

"竹园"

璞岸 PURE33

建成时间：	摄影师：
2017年	AD建筑摄影
建筑设计：	面积：
上海联创	35,000平方米
室内设计：	业主：
CCD香港郑中设计事务所	昆山康盛投资发展有限公司

中国，昆山

水月周庄铂尔曼酒店

深圳市阿特森景观规划设计有限公司／景观设计

历史悠久的周庄，以其独特的水网格局而闻名于世，镇为泽国，四面环水，咫尺往来，皆须舟楫。

与水相伴的格局孕育了周庄灵秀的气质，小桥流水，黛瓦矮房，烟雨朦胧中别有一番意境。而今，这份经时光洗礼的气质成了周庄新的发展机遇，以周庄古镇旅游为引擎，一系列休闲、度假型的生态旅游项目正依托着片区水生态资源蓬勃发展起来。

湿地绿林中的水乡意境

周庄首家五星级度假酒店水月周庄铂尔曼酒店应运而生。酒店的景观设计延续周庄自然生态湖荡及周庄水乡古镇规划结构，运用现代的设计风格，传承江南文化，以写意的手法演绎中式空间，让人们体味周庄中国第一水乡的独特韵味。

酒店周边的水体中，环绕着岛状的湿地，岛上草木郁郁葱葱。这些形态有

趣的小岛，其实承载着挺水植物、浮叶植物、底栖动物、沉水植物和水生动物等众多生物群，是内部人工湖与急水港之间的天然隔离带和过滤器，极大地改善了水体的质量，同时也为城市提供了一片开放的公共生态休闲区。

湿地公园鸟瞰

酒店东侧的绿乐园是孩子们的天地。作为儿童户外学习体验的返璞归真的自然课堂，这里提供了迷宫探索、农耕采摘、花田观光、动物认养、草木手工和露营体验等丰富的活动，给孩子们提供了新的探索和学习的环境。

除了以生态的视角关注人与水的关系之外，古镇周庄的小桥流水和回廊水巷亦是我们设计的灵感源泉。千年时光中沉淀下来的与水共生的智慧，给我们带来了新的指引与启示。

在酒店核心区的景观设计中，我们更多地关注的是空间，从古镇周庄水岸交接的关系中，探索各种可能，用现代的设计手法，来写一首江南水巷抒情诗。

总平面图

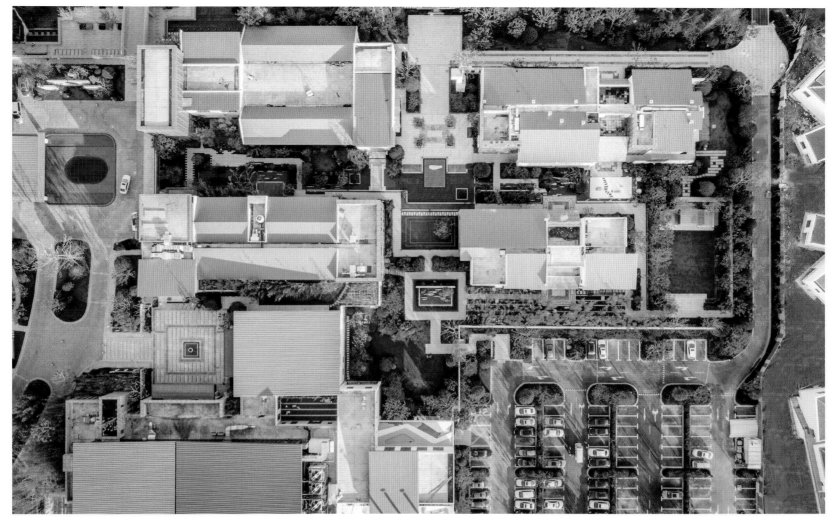

入口的叙事空间营造

　　驱车从入口道路驶入，只见两侧竹林夹道而迎，列植的竹林给人以庄重的仪式感，心中隐隐升起对前方风景的期待。

　　到达主入口落客区，空间豁然开朗，一方水池横于眼前，精心设置的灯光赋予空间丰富的层次，水面波光激滟，远处一座月门端庄而立，一座景石置于门中，天空蓝得深邃，给人以无限遐想。

"别有洞天"的落客区水景

　　在落客区下方的架空层中，顶部水池的中心部分以玻璃为底，光线可自由穿过，沐浴在玻璃下的光辉中的，是一艘悬挂在空中的水晶乌篷船，在光线的照耀下熠熠生辉。

　　走进细看，发现这艘乌篷船原来是由许多个晶莹剔透的小"水花"拼凑而成。顶部玻璃天井倾泻而下的光线，经底部水池的反射，变得柔和而富有层次，水池中列置的景观灯，也给空间增加了星星点点的光彩。

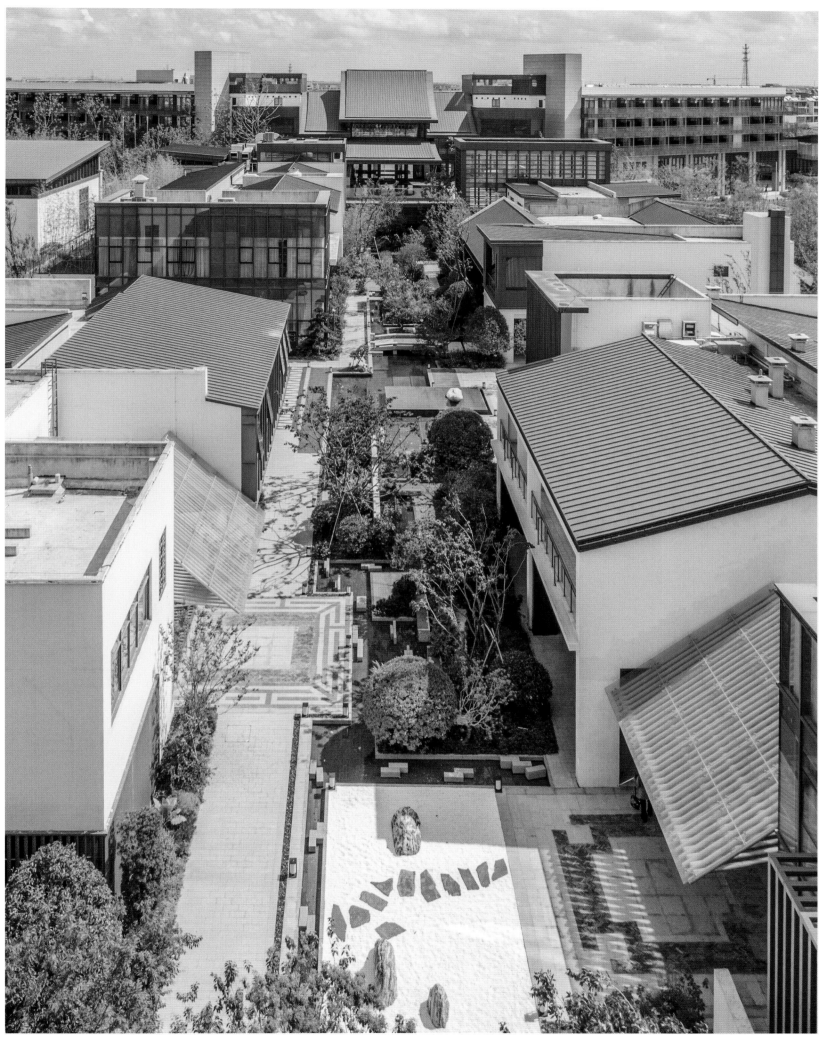

漫步几步，来到架空层东南侧的空间，由此再往前行，可至酒店外侧的人工湖。

在这个外部湖泊与酒店内部的景观相联系的节点之处，几块条石交错置于水中，深色的石块顶部用工艺处理成粗糙的质地。时而湖上有风穿堂而过，水波粼粼，不禁让人联想起水上舟楫往来的盛景。

于楼宇间再建一条"水巷"

沿着架空层中的水池往西南而行，我们来到中心景观轴线上的一条微缩"水巷"空间。

两侧的楼宇强化了"巷"的空间感，在这里，盈盈水池层层叠叠，每个池子都倒映出自己的一方空间，这些景象叠加在一起，空间好像多了很多层次，每走一步，眼前所见都有所不同。

"水巷"之内，或有汀步相随，简约现代的石板列于开阔绿地之上，石板硬朗的轮廓，衬出绿草茵茵，傍晚的微风伴着芳草清香，沁人心脾；或有小桥引路，绿荫掩映下石板桥独具江南情怀，微曲的弧度宛如一轮新月，倒映在绿水之中。

漫步至池边一处静谧之地，几座小石山以细白沙子为衬，以写意的手法描摹山与水的韵味，颇具枯山水之禅意。日光照耀之下，白沙铺就的空间愈加洁白雅致，让人忍不住想在沙子间的汀步上停留片刻，回味当下的宁静时光。

人游其中，步移景异，或行于水畔，或立于水中央。随意漫步，雅致的景观灯在前引路，眼前的景色如画卷般展开。也不必刻意探索，闲时小驻，抬眼便可发现有趣的风光。葳蕤草木楼宇天空，皆倒映于水上，让人于闲庭信步间，体会几分烟雨江南的独特水韵。

与水月周庄铂尔曼酒店的邂逅，就如同这首《偶然》，江南水乡与现代风格的碰撞、融合，在初见那一刻，就叩击着游人的心灵。我们依恋自然、水乡的柔情，偶然驻足，而后告别。

月亮湾·桃花源里位于风景秀丽、空气怡人的徐州市汉王镇月亮湾陶令山东南坡，背山面水，紫气东来，风水极佳，是徐州少有的一处风水宝地。

设计理念："山水相融"的林水别院——一城一宅，一家一院。

山脚下的林水别院给人度假休闲般的生活体验，背水面山的享受。站在山脚下，抬起头就能看见碧绿的青山，蓦然回首望着静静的河水，小草青藤漫顶……不管出于何种原因，在外奔波的人总会在这里找到奢望已久的舒适。宅中林，林中水，水畔园，园中屋，屋有后院，院中有树，树上见天，天中有月。不出户，不出院，即可与自然交流，体四季变化。所谓"智者乐水，仁者乐山"，有山彼有水，始为富贵之所在。

景观风格定位：建筑为新亚洲现代度假风格，为了实现建筑景观一体化打造，景观选用新亚洲现代度假风格。

景观设计特点：

1.注重格调体验，气氛渲染。
2.采用黄色自然石材、木材，混合搭配。
3.布品讲究具有艺术性和装饰性的表达。
4.水景的处理，简洁大气，处理手法多样。
5.建筑上，沿用独特的、高大的斜顶和挑檐，线脚简易化处理，线条更有力度。

设计关键词：尊贵、合理、优势、舒适、细致、丰富

尊贵——营造入口区与核心展示区域的尊贵与仪式感，增加品质感。
合理——看房动线合理有序，视线收放有致，营造空间不同的感受。
优势——把高差大的劣势转化为景观优势，打造标杆性住宅景观。
舒适——打造庭院的私密性，传递浓郁的新亚洲度假风格生活情境。
细致——结合当地文化元素经过设计演变应用到小品、铺装的设计。
丰富——植物选用层次、种类、色调丰富，造型优美具有地域性。

"浮华的城市，紧张的节奏
让很多人失去了最初梦想
在这里，有山有水有花香有虫鸣
享受这城市边上的慢生活"

建成时间：
2016年
项目地点：
江苏省徐州市

摄影师：
田园地产摄影
业主：
田园地产徐州有限公司

中国，徐州

月亮湾·桃花源里

上海魏玛景观规划设计有限公司／景观设计

总平面图

建成时间：	业主：	中国，西安
2016年	西安高新技术产业开	
景观面积：	发区房地产开发公司	
54,700平方米		
摄影师：		
张杨		

西安高新骊山下的院子

深圳市阿特森景观规划设计有限公司／景观设计

挑战与目标

空山新雨后，天气晚来秋。
明月松间照，清泉石上流。

——王维《山居秋暝》

山居生活，为人们提供了亲近自然和远离城市喧嚣的可能。山中景色俊美有致，放眼望去，满目葱茏，山的广阔与宁静是一种别样的风景。依山而居，日子悠闲而漫长，可于山的意境中观万物流转，从一草一木中感悟生命的真谛。

骊山下的院子，位于古城西安东北侧，临潼国家旅游度假区中，是一处可享受悠闲、颐养身心的温泉社区。骊山下的院子集中式合院、花园叠墅、颐养公寓、温泉会所和旅游商业街等多重业态为一体，提供了一处隐于山中的心灵栖息地。

项目位于西安骊山脚下，临潼国家旅游度假区中，周边分布有华清池、烽火台和秦始皇陵等历史遗迹。设计扬骊山自然风光之优长，承历史之积淀，将日本枯山水禅意美学融入中国传统院落景观的营造之中，构筑空、灵、静的禅意景观，提供与颐养度假氛围相匹配的户外空间，打造独具一格的温泉养生社区。

整体布局以院落空间为基础，传统院落为参照，在其中筑石造景，形成远山近水的院落空间境界。在景观空间的构筑方面，设计汲取骊山皇家园林的传统，强调景观空间的序列，以中轴对称、序列安排和数进院落布局等手法，形成层层递进的空间。

庭院的景观设计提炼山水元素，使用景石构建山地、溪谷等，模拟自然地形；引入枯山水禅意美学，带来亲和平素的感官体验，运用砂、石，结合水波纹、回纹等元素，在庭院小空间中，营造出淡泊宁静的山水大观。

山石
演绎枯山水意境

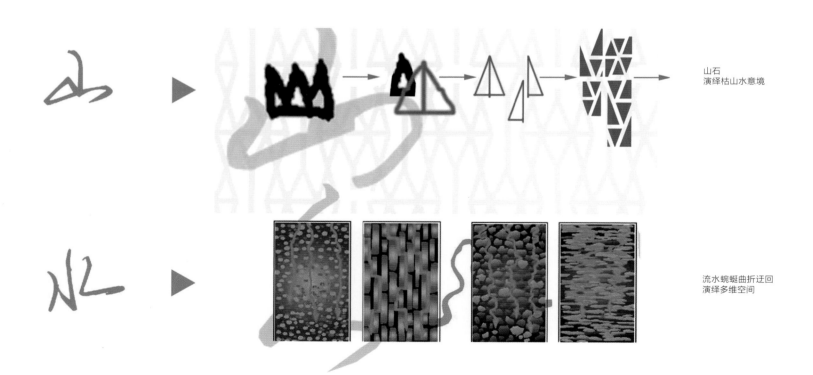

流水蜿蜒曲折迂回
演绎多维空间

赏析 | 递进的仪式性空间彰显风范

会所入口景观以竹石装点,苍翠有致。更有瓦片为基础元素构筑铺地,模拟水的效果,有如流动之水纹,也有如荡漾的涟漪,无水却充满水的意趣。

竹石照壁

窗前翠竹三竿,潇洒风吹满院寒。
常在眼前君莫厌,化成龙去见应难。

竹林之下,富有肌理的条状石头交错而卧。提供休憩空间的木质平台嵌于竹林之中,平台两侧以砂子铺底。有序列感的拴马桩排列于一侧,强化了休憩空间的分隔。

瓦台鸣深

静水流深,闻喧享静。
空山鸣响,见惯司空。

会所入口一侧的长条形空间中,瓦片反转相拼,构成一条条流动的曲线,模拟水面上的水纹。矩形的白砂子铺就的空间中设置有长条石质座椅,构成"水流"空间中一片雅致的休憩之地。深灰色石板铺就了会所入口之前的空间,营造出沉稳的氛围。装饰有朱红镂空雕花纹样的景墙在会所门前分隔出一个小的庭院,增加了进入会所的空间次序。一条虹桥延伸到景墙内的庭院中。景墙内部的小庭院内,褐色石材交错铺成的虹桥居于正中,构成空间的中轴线,其两侧以黑石子收边。虹桥两侧还布置有以圆为基础元素的小景。灰色的瓦片和植物嵌在一片白砂子上,为游人铺就出一条纹路精致典雅的华毯。

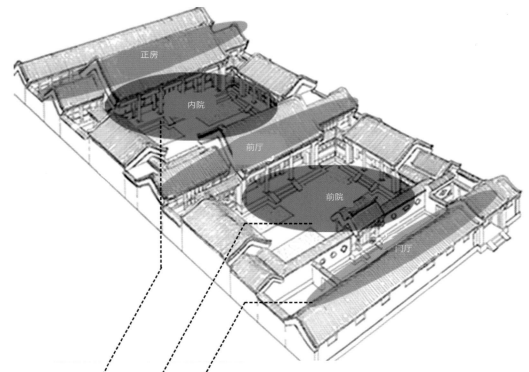

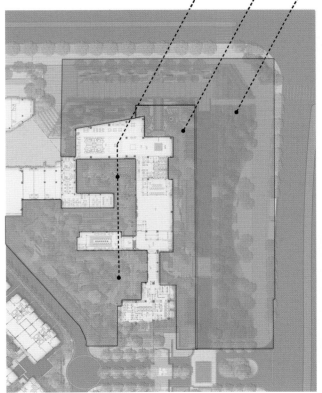

总平面图

赏析 | 于方寸庭园之中造自然之境

在会所的洽谈区外，有一方静谧的庭院。庭院四面皆有建筑围合，庭院中使用枯山水的手法营造微缩的山水空间。庭院景观以疏、雅为特色，用景石、白砂构筑地形，加以植物点缀，象征变化万千的自然景观。庭院空间给老年人提供了一处散步休憩之所，悠然漫步之间，心也宁静了下来。

从一角步入庭院，只见山石与植物互相映衬，造出山峦密林之景。朴素的石板置于水上形成一座小桥，一个高脚石灯跨越在山石和水面之上。庭院中亦有几处汀步，蜿蜒有致地延伸入构筑的"山水"之中。树木山石限定了汀步两侧的空间，遮挡了两侧的建筑，将人视线引导向园中之景和上方的天空之上。方寸空间之中，设计师以精巧的手法营造出起伏变化的景致，通过对游览路线和视线的引导，让人寄情山水，来一次心灵上的逃离。

赏析 | 放松身心于山水之间

在会所的室外温泉区，设计师融温泉池于可以让人散步流连的景观环境之中，营造一种云雾缭绕的山湖景色。温润的泉水和意境深远的景观，给老年人带来身与心的和谐健康。山中之湖隐逸而逍遥，漱涤万物，超然鸿蒙。

温泉区中，漫步的小径由不规则石块组成，一侧有竹林将附近的住宅区遮挡。园中树木葱茏，散布的温泉池藏匿其中。

青山汤

小湖隐山中，怡然卧葱茏。
翠绿沁山水，寂静慑鸟虫。

野花开灿灿，细雨飘蒙蒙。
莫谈胶扰事，此处不相容。

青山池开阔池面的主要侧面以石墙遮蔽，其余部分种植有茂密的植被，挡住了周围的视线，让空间更为幽静。茅草为顶的木亭覆盖于池上方，景石堆叠于池边模拟山峦之景。夜幕之下，华灯初上，灯光点缀的汤池散布于"山湖景色"之中。竹林景石在灯光映照变得璀璨。眼前所见的变化的风景和温泉池水的温润，都让人全方位融入景色之中，体会山峦起伏、山水相映的优美景色。骊山下的院子仿佛是一处藏于山中的世外桃源，汇聚山的磅礴和水的索迁，让人于悠游中感受万千意境。

中国，南京

汤山新城

HASSELL事务所 / 景观设计

面积：
3,120,000平方米

摄影师：
林强生/Hassell事务所

汤山为华东区域最重要温泉旅游胜地之一，几百年来因其天然矿物质水资源而吸引着络绎不绝的游客。而今依托着江宁地区的历史景点、水道和著名的温泉资源。该地区现已渐渐发展为一座高端旅游目的地。

为了将该地区的特色景点与新城区未来的旅游和酒店设施进行连接，并在人工挖掘的中心水系旁打造各具特色的新场所，HASSELL以温泉的源头为景观设计灵感,设计了一系列的门户滨水公园，水岸林荫大道，与延伸至新的中央休闲商务区内的中心湖区水岸景观带。

项目致力于修复穿过汤山新城中心的3.8千米河滨地带，该地带在地区开发、农垦和工业活动中一度遭到破坏。通过为南京市江宁区规划局提供汤山河滨区总体规划，我们建立了一项长期战略，帮助改善当地水岸生态系统的健康。其中包括水道和河滨道路的再绿化以及生态防洪工程解决方案。

例如，雨水花园结合沼泽坑地以自然方式收集并过滤雨水，然后雨水才进入河道。河道中的水生植物随着根系的发展，有利于加固河岸，同时改善水质和野生动植物的栖息生长环境。这些举措都是汤山新城可持续发展措施的重要组成部分，为居民和游客打造健康优质的城市环境。

汤山独特的地理形态和温泉源头丰富的色彩与肌理为我们的设计提供灵感。跨越河面的特色濒水桥不仅连接湖岸的两端,更形成了未来城市片区的视觉记忆点，环湖区的人行动线则以锈钢板为主要基调，一方面与本地特色的地质色彩相呼应. 一方面也创造出丰富的地形层次，勾勒出具有丰富步行体验的水岸廊道。河滨区的人行天桥、游玩区和雕塑公园连接起汤山新区与老城区，对游客来说也形成了醒目的地标。中心水系也从商务区开始勾画出丰富的水岸

活动空间，包括剧场、公共温泉泳池、游船码头等，满足未来社区活动、文化聚会，并形成新的旅游景区。

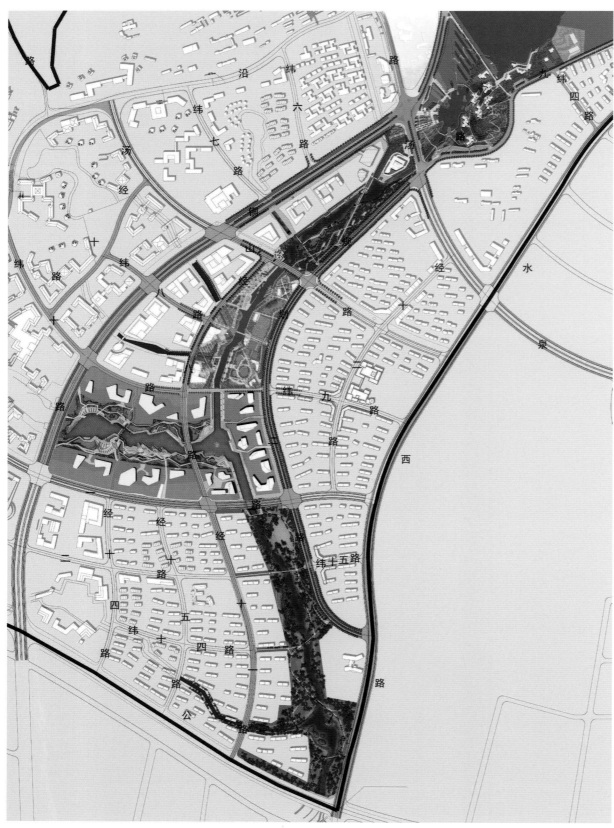

总平面图

滨水剖面图

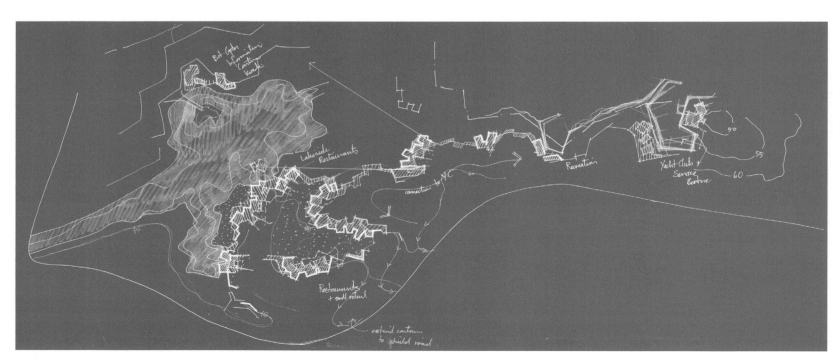

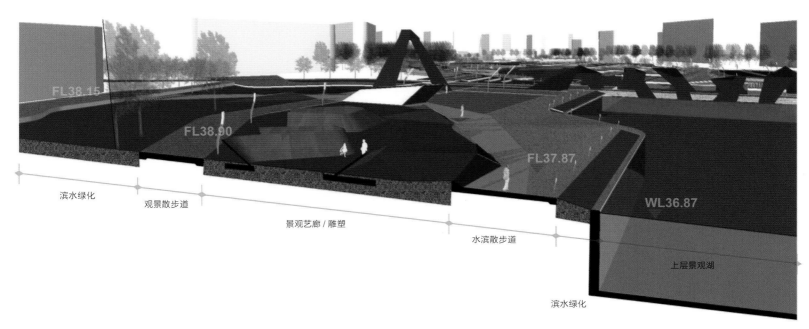

FL38.15

FL38.90

FL37.87

WL36.87

| 滨水绿化 | 观景散步道 | 景观艺廊 / 雕塑 | 水滨散步道 | 上层景观湖 |

滨水绿化

剖面图

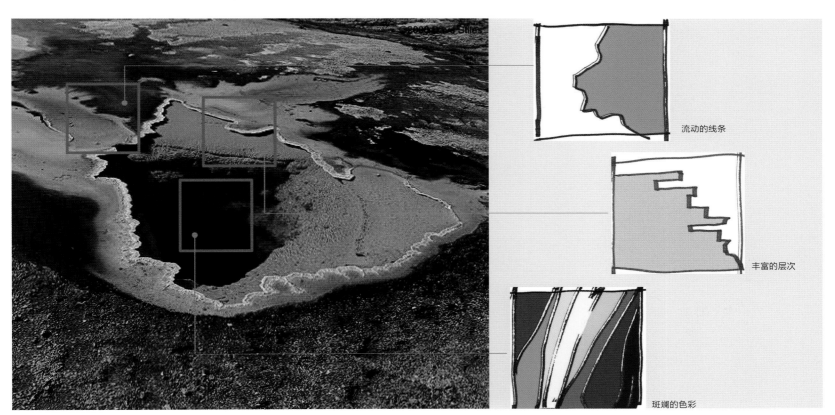

流动的线条

丰富的层次

斑斓的色彩

概念图

中国，合肥

合肥万达酒店

安道设计／景观设计

建成时间：
2016年
主持景观设计师：
夏芬芬、刘晓龙
摄影师：
王骁
面积：
130,000平方米
业主：
万达集团

本案将以山水情怀作为设计的灵感来源，以写意安徽为设计主题，把对安徽的山水印象抽象、提炼，化作多样而独特的景观形态，辐射到场地中。通过景观的再造不仅赋予酒店外环境异彩纷呈的视觉感受和美妙体验，更是把写意安徽的情怀渲染其中，使酒店群更符合大区气质，更具鲜明的地标性。把山作为景观元素用到基地内，并非是模式或形态的堆砌，而是抽象提炼成与时代相匹配的景观空间，以现代人的审美需求打造富有传统意味的事物，通过微地形、枯山水等营造，构建一个诗意盎然的酒店户外空间。

以"鹤"为概念原型，与酒店前场"鹤逸安详"雕塑相呼应，动静对比，以不同姿态的鹤形雕塑，来感染宾客的游逛心情，以具体的形象展示更加直观地达到步移景异的效果。此处将迁徙的鹤保留在此处，不仅寓意此处"谈笑有鸿儒，往来无白丁"，更将美好的祝福和寓意留给宾客。将徽州传统木雕工艺融入作品，以简洁的漏窗格纹形式形成视觉上的通透感，丰富空间的层次，同时不破坏景观的连贯性。

方形园灯，徽雕底座，细节之处体现现代手法与传统语汇的碰撞。酒店后场雕塑"峰回水转"，寓意安徽的新安江山水，峰回水转。把国画中白描手法的山体加以立体的演化，以行云流水的构成描绘了一幅富有韵律的山水画，再现了新安大好山水的自然之美。

四星酒店 A
1. 主入口水景
2. 主入口跌水
3. 中心雕塑
4. 主入口大堂
5. 停车位
6. 室外餐厅平台
7. 禅意水景
8. 室外平台
9. 规则式草坪
10. 跌水水景
11. 观景平台
12. 室外休闲吧
13. 景观草坪
14. 梯田眺望平台
15. 茶园原路
16. 沿湖栈道
17. 景观构架
18. 枯山水景观
19. 宴会厅外摆
20. 滨水平台

四星酒店 B
1. 主入口跌水
2. 中心水景雕塑
3. 主入口大堂
4. 室外大堂
5. 静水面
6. 规则式草坪
7. 观景平台
8. SPA 养生区
9. 阳光草坪
10. 室外休息区
11. 景观步行道
12. 林下平台
13. 室外餐饮
14. 婚礼草坪
15. 宴会厅外摆
16. 宴会厅入口
17. 停车位

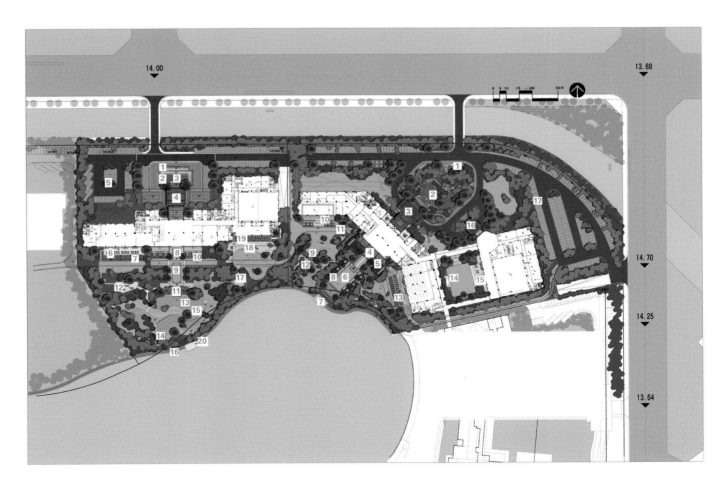

本项目将动态的农业生产过程作为景观体验来设计，使埋没于偏远贫困地区达数十年之久的城头山遗址被赋予了新的生命，不仅保护了古城遗址的完整性与真实性，而且还将其发展成具有旅游休闲价值的参观和体验区。作品展示了景观设计是如何将一个湮没无闻的考古遗址转变为一个能给当地发展带来效益的集教育性、娱乐性、生产性及经济性于一体的文化游览区。

挑战与目标

1979年前，城头山还是一个位于湖南澧县洞庭湖冲积平原上的一个土丘，被农民们所精耕细作，稻菽飘香。一夜之间的石破天惊，遗址被意外地发现，并被鉴定为迄今为止中国最早的古城池遗址，也是水稻种植的发源地，被誉为"稻作之源，城池之母"，不久之后被作为国家文物保护单位加以保护。这项伟大的发现对于当地居民来说却并不是上天的眷顾，在某种意义上说更是一种负担。由于位于贫困及偏远的农村地区，可用来耕种的农田极其珍贵，现在这片土地却被定义为遗址保护区，并禁绝耕种以免遭到破坏。在经过30多年的消极保护之后，当地政府终于做出决定，通过将这一地区转变为旅游景点，促进当地经济发展，使负担变为福祉。

刚开始，政府犯了一个错误并为此付出了昂贵的代价。在本景观设计师介入之前，城头山考古遗址周围农田已经转变为装饰性的景观大道和广场。一条宽阔的轴线已经建成，坐落着几座博物馆和纪念性建筑，两旁排列着观赏花木、花坛与假山装饰，跟中国其他地方的城市的化妆式景观一样，毫无特色；就在遗址外的南入口，一个两公顷的大广场正在施工。场地失去了原有的真实性，游客或城市居民也失去了来观赏的兴趣。幸运的是，一位知识渊博的省政府高层官员参观了这一遗址，对当时的景观工程给予了负面的评价，并叫停了这一庞大的装饰性景观工程，并令其重新设计。虽然大部分已经完成的建设很难改造，但是对遗址周边景观的重塑，再现农业景观还是可行的。然而，在开发旅游的同时，如何保护遗址的真实性和完整性的挑战仍然存在；与此同时，如何将随处可见的农业景观转变为具有吸引力的旅游地，并非易事。这两大挑战的核心是如何通过景观设计，既满足当地政府及社区的发展诉求，同时又能使国家级的大遗址得到很好的保护。

设计策略：将生产过程作为景观体验

我们共采取了三项策略来保护和改造城头山遗址及外围景观，同时使其具有旅游的价值。

中国，湖南

城头山遗址外围景观再现

北京土人城市规划设计有限公司／景观设计

建成时间：
2016年
项目面积：
20公顷
摄影：
俞孔坚、张锦
获奖情况：
2017年WAF景观奖

总平面图
1. 停车场
2. 综合服务建筑
3. 游船码头
4. 河塘驿站
5. 田间木栈道
6. 灌溉渠
7. 电瓶车、自行车换乘站
8. 林中休憩盒
9. 石板栈道
10. 入口疏散场地
11. 综合建筑—票务
12. 遗址眺望桥
13. 水杉林带
14. 现状渠
15. 电瓶车、自行车道
16. 生产性水生植物塘
17. 稻谷大观
18. 遗址桥头疏散场地
19. 护城河
20. 书画苑
21. 观景盒
22. 滨水木栈道
23. 观景塔
24. 林下休息空间
25. 滨水休憩盒
26. 水杉林块
27. 乌桕林块

首先，对中部的古城遗址本身做最少限度的干预，除了一条架空木栈道和与之相结合的环境解说系统外，对考古遗址现状不做任何干预。在一圈相对完整的护城河的环绕之下，考古遗址犹如一个空阔静谧的剧院，游客们遐想曾经在这里上演的历史剧情。

其次，用各种湿地植物及林带，对环绕古城遗址的护城河外侧水岸进行生态修复。核心区以外的公园的主体部分，被重新设计为农田，成为了一个户外的稻田博物馆。一年两季、多品种的水稻在这里轮作；作为农田景观的有机组成部分，水塘、水渠和湿地分布其中，生长着茂盛的乡土植被，这些湿地和水系像海绵一样，收集雨水，调节旱涝，同时吸收和过滤从稻田中流失的营养物质。精心设计的景观纹理将户外水稻博览区与其他一般性的农田具有相似却又不同的景观，这些田块肌理致密，田埂的朝向经过仔细的设计，形成多种微妙变换的透视角度。水杉林带只沿着大致南北方向的田埂路种植，既能给田埂路遮蔽，同时又防止树影投射在稻田里，因为这些稻田需要充足的日照来维持生长。夏日炎炎，绿荫下的道路为游客提供了舒适驻留和漫步机会。

第三，场地内设计了一座架高4米的玻璃廊桥，供游客登高远眺，使得公园北部的考古遗址尽收眼底。用玻璃作为桥面材料，可以使阳光穿透，保证其下方的农作物有充足的日照。如此，沿桥散步也成为一种奇妙的探险。玻璃廊桥通过四个方向的四个坡道来增强桥身的稳定性，并增加了桥与四方田埂的连通

性。玻璃廊桥吸引了大量游客，特别是儿童和学生，使原先单调乏味的农业景观变得更令人兴奋且富有娱乐性。

在考古遗址向一个静静的舞台，默默地激发着人们丰富想象力的同时，户外水稻博物馆的田野犹如一台活生生的，正上演着活生生的农耕生产剧：水稻种植、除草和收割都被设计成与休闲活动相互交织的生动元素，融入了诸如慢跑、野餐、散步、学校和家庭的郊游。玻璃廊桥作为观景平台和使人身临其境，让城市游客能够亲眼目睹和体验水稻种植及收割过程，并与劳作的农民进行亲密接触。参观者亦可以加入到农民劳作之中，体验其中的艰辛与快乐。在这一景观中，劳作与休闲、生产与艺术、乡村与城市、土地所有者和游客、功能和审美之间都不分彼此地融合在一起，营造出美丽和谐的一幕。

经过一年时间的使用，城头山考古遗址公园被证明是成功的。这个被保护的遗址在偏远的乡村沉默了几十年之后，突然间被人们在网络和微信上传播开来，吸引了附近城市的大量游客。人们从这里了解到自己的祖先，以及每天享用的食物的起源。贫穷的农村地区，特别是遗址周边的乡村，通过旅游业的不断发展也获得了相当显著的经济收益。

中国，杭州

与西湖的不解之缘
——勾山里

川璞景观设计 / 景观设计

主创设计师：
蔡蓬
项目团队：
王伟业、范传虎、高蒙蒙、刘家平
摄影：
鲁冰、蔡蓬
竣工时间：
2016年
业主：
杭州市涌金置业投资有限公司

方案初始勾山里、广福里、荷花池头并不在我们的设计任务内，勾山里南倚勾山，西接南山路。是它把东西两个街区联系起来了，我们始终认为勾山里才是项目的灵魂。如何把新建的4层建筑尺度过渡到南侧勾山山体1层挡土墙，如何把青砖过渡到旧的粉墙，经过多轮方案比较，新建的坊墙把江南巷坊的气质和气氛都展现出来了，墙门深深之感，成为了项目的点睛之笔。勾山里东端略显古意的树也保留下来了。梳理了周围的人文社会环境，将过去的历史与现代化的设计结合，让场地产生新的生命力。保持自我约束克制是我的内心写照，也是对项目的态度。为了避免怀旧式的改造，注入新的东西。为了避免门厅直面仅有三米宽的里巷，同时减弱建筑对行走在里巷人的压迫感，又为了强调楼栋的识别性，设计了铜屏风为焦点的门庭花园。灵感来自江南的木窗棂与照壁，它们是室内外的连接体。两者的结合再通过金属材质来体现现代感。双层并且镂空的铜屏风就这么产出了。为了院落引入与营造坊墙里巷，以不同的砖搭建与建筑山墙与花园的关系，形成虚（绿植）实（砖墙）相间的砖墙限定了院落，基于结构逻辑与传统技艺的青砖建造，具有了与民国建筑相似的形式或符号，表达了对民国文化的记忆与延续。

本案是一个杭州民国建筑遗产保护与再利用的设计实践。运用青砖建造的院落、坊巷表达了新旧碰撞、自由、包容、多元的民国文化精髓。

历史风貌延续

南山路位于杭州市老城区的核心地段，西湖南线风景名胜区的东南面，东靠西湖大道、河坊街、吴山、万松岭，北起解放路与湖滨路相连，南接玉皇山路折而往西，与虎跑、西山路相接，因西湖南部诸山统称南山，路环湖傍山而行，故名。高大的悬铃木行道树把一些民国遗韵犹存的历史建筑物串联起

平面图

来。南北有别的两个节点,北侧打开、导入人流,南侧保留修缮。中间(勾山里坊墙)过渡衔接南北界面。

坊巷复兴

坊巷制是杭州古城的特点,到现在为止,清河坊、三元坊的名字杭州还都在。就坊巷结构而言,重要的标志就是坊墙,重点在坊墙和街道相交的处理——勾山里与南山路相交处。它把两个街区有机地联系起来了。因地形的高低错落及建筑的有机组合而具有了趣味性,改造设计强化了这些自然特征,以贯穿东西、连续、新旧的院墙形成了街巷,并以连续差异性的视点变化,诠释了以空间体验为主的场所感。与之相接的南北街区新里弄形成借景、对景与障景的关系。

院落引入

设计过程从整合的角度梳理了文化、自然、建筑之间的关系,保留了要素间的差异性。设计以增加院落的方式整合了建筑间的孤立状态,增加了外部空间的层次,为空间的公共与私

密提供了过渡。院落的引入集中体现了传统建筑内涵与造园思想，实现了建筑的认同感与存在感。院落以不同的砖建造语言整合了形式间的冲突状态，赋予了建筑新的意义。同时基于结构逻辑与传统技艺的青砖建造，具有了与民国建筑相似的形式或符号，表达了对民国文化的记忆与延续。

名人故居院落修复

勾山樵舍是杭州重要的名人故居。在建筑修缮中以主体建筑的修缮，对辅助建筑的改造为原则。室外庭院引用《再生缘》等诗文的记载，营造清风、竹山、

绘影、闲庭四个不同意境的庭院，以空间的起承转合呼应诗文的抑扬顿挫。

材料运用

民国建筑风貌保留，沿用青砖黛瓦材料，乡土材料的运用，保存利用废旧砖瓦。景观材料通过新旧，现代传统结合，青砖与铜结合来表现与过去产生一定的联系。在当地上城区还有一家国家级物质文化遗产"杭州铜雕"也就当之无愧的制作完成项目上铜制品的任务。

施工时间:
2016年
项目面积:
150,261.8平方米(一期)
业主:
昌江恒盛元棋子湾旅游置业有限公司

中国，海南

海南棋子湾开元度假村

三尚国际(香港)有限公司 / 景观设计

棋子湾项目位于海南岛西线昌江县棋子湾旅游度假区范围内，西向临海，项目用地包括三座高星级特色海景酒店及旅游配套设施、高尔夫会所、高档低密度生态度假社区及度假公寓等；其余用地为租用地，用于建设两个18洞国际高等级高尔夫球场、体育公园等。项目分三期建设，建设周期约6年，总投资约45亿元。恒盛元按照"海南国际旅游岛"战略的高品质要求，邀请国际设计团队WATG和三尚国际(香港)有限公司总体考虑，统一规划，深入挖掘及接合昌江县域"山，海，黎乡"的人文和自然底蕴，体现"黄金海岸"和"棋文化"两大资源禀赋元素，接合养生度假主题，将棋子湾项目打造成整个棋子湾旅游度假区内的标杆和旗帜，成为代言海南西线乃至海南国际旅游岛的旅游度假新国度。

设计理念

三尚的设计师们从"保护生态岸线海防林"区域出发,最大限度地"保留"

和"利用"现场的自然地理环境:以礁石护堤的手法加固崎岖的斜坡,最大限度地降低沙子的流动,局部留住风中的养分和尘土,保护现有防护林,抵御炎热的气候和风暴对海岸防护林的破坏,形成小微气候,在有限的预算情况下,将沙漠公园的特性以及生态可持续性相融合,分期打造一个特色鲜明的沙地公园景观;让人适当可以穿行在沙地中,营造出独特的具有寓教于乐生态海防林景区:

a. 赞美沙漠中坚韧不拔的野草所展现的美好性格,运用沙地与野草表达一种"海枯石烂"的意境。

b. 赞美在沙地与礁石中混为唇齿相依承受烈日的性格,用仙人掌表达自然界的生与亡的永恒之理。

c.利用潮汐的变化,退潮后遗留下黑压压一片片礁石这一缺点为优点,塑出海边礁石浴场的三重时差景观佳境。

在运用这些天然纯朴的材料之后,进一步提倡以"景"造"境",保留局部现场沙化严重的斜坡,改造为滑沙景区,把这种挑战自然界的精神延续在场地中;同时结合酒店运营的要求,把这种挑战自然融合挑战自我,塑造出酒店天然独特的教育消费和娱乐乐园。

塑造出海岛礁石海滩中的水上乐园,合理安排人流分散路线依据高差布置出两条主绿荫游园环路和一条沙滩椰林探索园路;让大众去触摸这些粗犷的不经意的细节,再现了设计师脑中所倡导的一种生活——那就是淡雅、直接、纯净、自然、典雅、健康。

位置俯瞰图

过渡区	主要园路	懒人河	椰林 / 沙地花园	懒人河	主要园路

+46.20 FL +46.10 WL +45.20 BL +46.20 FL +46.10 WL +45.20 BL +46.45 FL

剖面图

林地花园	懒人河	主要园路	斜坡通道	大型跌水瀑布	泳池区

+46.20 FL +46.10 WL +45.20 BL +46.45 FL +49.175 FL +52.30 WL +51.10 BL

剖面图

建成时间：　绿地率：
2017年　　　40.55%
项目面积：　开发商：
35.88公顷　阳江市敏捷房地产开
容积率：　　发有限公司
1.49

中国，广东

阳江敏捷黄金海岸度假区

贝尔高林国际（香港）有限公司／景观设计

黄金海岸坐落于阳江海陵岛区内旅游圈，背面半山环绕、南面朝广阔海景，拥有地拿湾、石角湾海岸线，整个地块可谓依山傍水。其优越的自然景观资源与无缝连接的交通，为项目的如画风景以及便利生活奠定了坚实的基础。

设计团队根据对海景资源的管理与利用，将项目分为3个阶梯的海景区，6个功能组团，从北向南分别是沿海主题休闲娱乐区，2个一线海景酒店式公寓组团，位于2个海景公寓之间的一线海景双拼别墅组团，1个内景联排别墅组团，1个二线海景高层住宅组团。

主入口空间

主入口作为人们对整个项目的第一印象，是景观设计的主要亮点之一。为了营造一种闲适而又不失尊贵华丽的感受，入口处以宽敞的车道加上两旁高大的棕榈树，车道以一下沉式特色水景作对景，透过这水景回旋处，在花池与花池的接暇之间一路引领人们进入小区，主入口附近部分车道以铺有白色卵石的种植池作为引导，期间栽种大小不一极具热带风情的仙人球及各色植物花卉作为

点缀，从第一眼遇见，便放下喧嚣与烦恼，全身心地投入于这度假风情当中。

世界级超大泳池

由于海湾风浪较大，无论从天气因素还是安全角度考虑，外海滩都无法满足全天候的海水浴场需求。但是如此美丽宜人的海湾线，如果在设计上做出隔离或者小范围利用，岂不是辜负了这大好景致？

考虑到提升海湾线的利用率、增加旅游亮点、增强项目吸引力，贝尔高林充分利用了海岸线的弧度及平坦的地势特点，最终选用了世界级超大人工无边际泳池。整个泳池采用软底软驳岸的做法，不属于构筑物范围，不会污染沙滩，同时世界级沙滩专家、泳池专家也对该项目进行评估论证，在打造超大泳池的同时，对现有沙滩进行人工育滩处理，最大限度的保障了现有沙滩的质量。

超大泳池的落地在满足天气及安全考虑的前提下，增强了人与自然的沟通，总长度约1,020米，宽45~60米的多功能空间，让每个在泳池中游泳、冲浪、潜水的人，都仿佛置身于一望无垠、海天一线的大海中嬉戏玩耍。

串联式功能分区

园区内包含特色高层酒店式公寓及一线海景别墅,公寓入口处以一特色跌水水景为景观主题,在各式亚热带植物花卉的映衬下,营造浪漫的海岛感受。由于受到空间及标高的显示,为满足度假需求,临时停车位以环岛形式布置,融入景观布局之中。两座大楼仿佛浮出水面,水系贯穿至中央特色无边际泳池,配以功能式区域,如户外水吧、亲水躺椅,如此眺望沙滩及海滨景致,极尽奢华享受。

高层酒店式公寓地下一层为海滨餐厅,提供海景用餐平台,饱览沿海风光。人们可以利用连接内外的白色玻璃桥从内沙滩横穿内湖游泳池到达外沙滩及海边,外沙滩空间宽广,适合各式各样的沙滩活动,亦可于岸边户外太阳躺椅享受阳光洒满全身的休闲舒适。

在这碧水蓝天,悠悠斜阳之间,尽享这份来自心底深处的宁静,给身心放个小假。

总平面图

中国，惠州

天象台山顶索道站台广场

清创尚景（北京）景观规划设计有限公司 / 景观设计

设计师：
梁尚宇
建成时间：
2014年9月
占地面积：
14,365平方米
摄影师：
梁尚宇、陈剑超

"天象台"是一处山顶索道站台集散广场，海拔900米，是罗浮山登山游览路线上最重要的集散节点，经此通往罗浮山主峰飞云顶（海拔1,281米）。"积极空间始于消极之处"的设计理念被贯彻到该场地的设计中，综合解决人流集散、裸岩安全防护、游线组织、营造景观视廊和景观全景线、微纪念性场所精神等问题，成为游人高山观景停留休憩的舒适场所。

一次偶遇鹰隼展翅掠过索道的经历，使具有符号学意义的借景关系成为可能：400米外的"鹰嘴岩"与双层栈道构成合体关系，在视廊中轴线作用下形成"鹏鸟"符号符形，传达出中国古代老庄哲学《逍遥游》的意境。栈道立面的双色木格栅设计有意烘托鹏鸟展翅上扬的符形。从山中民居收集而来的石磨，是人类将粮食加工出最终形态的工具，符号学意义上是天地人关系中和谐共生的结晶。将不同规格的石磨按照北斗七星的结构置于方圆形草坪的中央，在烟云气象变换衬托下，具有微妙的纪念性空间感受，传达出一种敬畏自然的场所精神。

平面图
1. 入口广场
2. 景观台阶
3. 观景木平台
4. 挡土墙
5. 星象台广场
6. 阶梯平台
7. 太空栈道
8. 眺望台

设计师:
梁尚宇
建成时间:
2014年6月
占地面积:
6,768平方米
摄影师:
梁尚宇、陈剑超

中国,惠州

"洗药池—青蒿园"
历史主题花园

清创尚景(北京)景观规划设计有限公司/景观设计

通过整合性设计策略,该场地被提升为一个富有场所精神的历史花园。项目的挑战性体现在:毗邻久负盛名的名山寺观,重新规整游览秩序,充分利用场地中一度被废弃和遗忘的角落,谨慎而低调地使用本地石材和植物材料,传承具有1680年历史的文化因素,并以令人亲近的空间形式表现出来。项目完成后,该场地成为极具历史文化吸引力的休憩空间。

通过整合丰富的历史信息,形成具有质感的细部感官体验。设计一直追求"历史文化传承"的目标,通过沿着游览路线自然而然出现的细部设计,来表达场所精神:"洗药池"边上具有安全防护栏杆作用的"药牍",选取了葛洪著作《肘后备急方》的养生药方作为科普内容;谨慎开辟的下行亲水台阶仍使用旧有材料与工艺;原有八边形非流动性水体被置入雾喷循环系统;巨石下堆放的卵石象征经过洗涤的药材;青石板散铺与魏晋风格的建筑茅草顶界定了庭院的古朴格调;药草园中的毛石片岩和竹篱笆试图取得与《稚川移居图》一致的隐居意境。

总平面图
1. 展厅
2. 东坡亭
3. 洗药池
4. 围栏
5. 炼丹炉
6. 照壁
7. 青蒿纪念碑
8. 游步道
9. 青蒿
10. 半夏
11. 白花蛇舌草
12. 马齿苋
13. 紫苏
14. 何首乌
15. 金银花

建成时间：
2017年
景观面积：
50,000平方米
摄影：
胡超
委托业主：
长隆集团

中国，广州

长隆·熊猫山＆4D乐园

山水比德集团／景观设计

该项目是全球首创且唯一跨越真实动物生态和梦幻卡通的多媒体多维度立体体验主题乐园。从新山水的理念出发，以生态学（低影响开发、环境保护、生态修复）角度切入，结合项目当地特色重塑城市生态筑就感官体验型的新景观。

熊猫山景观规划设计

总览熊猫山地形地貌，这里中部高而四周低，绿植繁茂，生态资源相当丰富。规划与景观设计师们发现这一点后如获至宝。此后一路上的动线设计、建筑设计、小品设计与植物规划，便都遵循着尊重场地以及本有的自然、生态性的原则。

走"心"的动线设计／景观的理性和逻辑，来自向外界的聆听和探索。

园区的动线规划及功能分区合理，既尊重动物们的生态微环境，也便利到这里参观游览、工作生活的人群。在这里，人类是熊猫乐园的游客，而不是反过来，熊猫和其他动物们成了来自他乡异国的客人。因此，动线的优化设计串联起整个园区：动物、游览者和工作人员都拥有各自独立的生活、玩赏与工作通道。

细致的内部规划／建筑、用材和细节，丰满了园区的血肉

渐入乐园深处，既见密集的薄雾森林，也可偶遇疏爽的绿色竹林。栅栏和功能空间被巧妙地隐藏、整合到景观中，为动物们提供了一个自然而不分散的生活空间，也给游客们创造了独特的视觉条件。

细致如地板的排水设计，也是点、线、面的组合。即：①大部分平台及道路周边设置排水沟，地表雨水收集到雨水井或排水沟；②在道路止坡处设立截水沟。这样无论风雨，游客皆可获得最佳的玩赏体验了。

而途中抬头可见的某个超萌场馆，也是景观设计师们依据各类动物的生活习性、展示需求和观赏特点，结合错层与高差而专属设计的建筑。又或者，不断偶遇的花池、树池、标牌栏杆……未曾想到，都是经过设计师们充分考虑景观布局、动线引导、园区主题以及生态保护等因素后悉心呈现的呢。

总平面图

4D影院，景观规划设计

到达4D影院的路上，可以去坐个小火车——于是遵循场地特色而规划的亚热带雨林风情扑面而来，好生惬意。

丰富的植栽体验 / 植物规划的本土与自然性，制造宁静而神秘的视觉感受，尽可能地以自然生态替代人为造作，这种理念贯穿了整个园区规划：在原来"裸奔着"的岩石边缘栽满蕨类，组团式的布置灌木和乔木，与原生植物的层次植栽相融合，灵巧地缓解了地形高差的硬质感。

像长得美的天堂鸟、开得香的茉莉花和五颜六色的三色铁树……都疏密有致地错落于园区各处。这是利用植被本身，而不是硬邦邦的水泥墙，来营造场景、界定空间。

结合地域和场地，凭借植栽手法实现功能上的向导性，而可观、可触、可嗅的自然空间，成为了熊猫宝宝和其他动物们宜居舒适的生活居所，也为游客们创造了丰富的感官体验。

设计师们对场地的尊重，隐藏在我们每个擦身而过的时刻。比如，大比例地保留现场植被，为保护花木而建造的花池和树池，融合原生植物的层次植栽来缓解地形高差的硬质感。反正当你在这大乐园里撒欢不已时，自是能体会规划和景观设计师们的处处用心，以及唯本空间所独有的那方趣味。

中国，河北

洛嘉山精灵
松塔乐园

奥雅设计北京洛嘉团队／景观设计

项目面积：
2,300平方米
客户：
融和城房地产开发有限公司
摄影：
林涛

城市化进程的加快，大量的土地被开垦，寸土寸金的城市用地尚无法满足成年人的欲望，适合儿童成长的空间更是逼仄。自然环境被人工覆盖，城市中的儿童空间常常是商场的附属，或者作为寻求效益最大化的卖点，被安置在商场的中庭或者广场，彩色的塑料装置千篇一律。就像大街上的幼儿园，不涂个彩色好像就不能叫幼儿园了。

童年的丰富性真的需要类似彩色的塑料装置来增色吗？"在现代之前，所有国家所有文化，都不认为童年具有独立的价值。那时，童年只被认为是成人的准备期，缩得越短越好。但是在现代社会中，'童年'被赋予了独立的价值……现代儿童心理学认为……人为的缩短童年期，就会带来不可更改的创伤，发展就没有后劲，潜能就没法实现。"（摘自《新京报书评周刊》）

在越来越智能化、信息化、机械化的社会环境中，如何让孩子们仍然有足够的机会与自然界的生命接触、在玩耍中培养好奇与探索的习惯、寓学于乐，是设计儿童空间时需要思考的问题。

在我们有限的经验中，过去二三十年间，国内的儿童友好型城市建设乏善可陈。面对如此大的一块空缺，一些设计师们开始做尝试，如何用设计的手段、景观和建筑的语言做一个儿童乐园是设计师们面临的挑战。金山岭山脚下的松塔乐园最近备受瞩目，因地制宜的设计，原木的色调，浸入式的场景体验、互动的装置堪称乐园界的一股清流。

项目位于古长城金山岭脚下，群山连绵、松树环绕、村屋遍布，在这样的自然场地中，究竟应该设计一个什么样的儿童乐园？在许多钢筋混凝土搭建的城

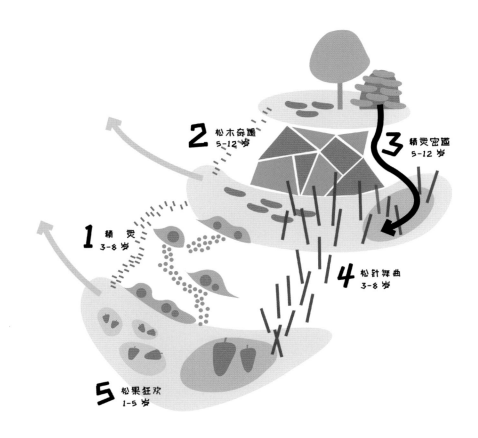

市中，乐园里都是塑胶做的场地，塑料做的设施和枯燥乏味的活动内容。设计师们希望做一个不一样的乐园，来契合这块古长城脚下，灵气的山中场地。设计团队将场地的调性定为一个充分尊重山地地形的自然乐园。希望设计一个孩子们可以体验自然、自由玩耍的成长目的地。

儿童乐园当然需要用儿童的思维，设计师要做的是放下成人的标准和尺度。受场地周围生长着的大松树和满地松塔的启发，一个充满奇幻的童话故事渐渐成型。

传说，在金山岭脚下住着一群山精灵，
精灵们依山而建了许多洞屋。
夜晚，天外飞来一颗大松塔，
松塔炸开，
松果松子和鳞片呼啦啦顺着山坡滚了下去……

精灵爸爸施了魔法，
把大松塔鳞片变成了大折板，
把松子变成了跳跳板，
把松针变成了捉迷藏的道具，
精灵们高兴坏了，
都疯玩了起来……

考虑到儿童游玩的趣味性、安全性以及不同年龄段儿童体验的需求，设计师们结合山体的坡度，打造了一个层次分明的立体乐园。精灵村屋放在了安全性更高的缓坡区，给小小孩用；鳞片大折板放在更刺激的陡坡区，挑战性更强，适合大小孩；天外飞来的大松塔放在平台的顶端，即是地标又是攀爬和滑筒的起点，还可以登塔眺望远处长城。将现状山体划分为三个平台，两个坡地，一个大于60度的陡坡为大孩所用；一个小于30度的缓坡为小孩所用。最大程度尊重地形，减少填挖方以实现土方平衡。

场景1
精灵村——不同尺度的空间体验
30度的缓坡上坐落着许多精灵屋。根据不同的功能，设计师们设置了四种不同的空间尺度。分别用于家长和孩子的互动、孩子独处的秘密小屋以及不同动物们的居所。空间影响人的行为模式从而启发思维，孩子们通过自己在不同空间的探索，感知空间的尺度培养他们对空间的敏感。

场景2
松木奇遇——创造性的玩是一种能力，也是一种思维习惯
松木折板的构想来自于松子的鳞片。折板，根据不同陡缓程度有不同的玩法，75度最陡坡设置攀岩区，45度中坡设置绳索和爬杆，20度缓坡孩子们可以自己冲刺上山顶。结合地形设计大面积木折面，缓坡到陡坡。

大折板可以满足孩子们跑动、拉绳、攀岩的各种需求，胆大的还可以从坡顶滑下来。大块面的木折板为孩子们提供三种玩耍方式却产生了N种玩法。75度攀岩，45度抓杆，20度冲刺都可以。

不同的坡度不一样的玩法。

"爬"是儿童动态活动中最重要的一环。四肢的灵活性和协调性在"爬"中得到充分的锻炼。在"松木奇遇"这个环节中，孩子们可以用不同的方式"爬"，通过不同的媒介"爬"。为孩子们提供了充分的可能性，创造了自己发挥的余地。

场景3

大松塔——丰富的空间，充分激发肢体活动

在场地的最高处，三层平台设置了松塔屋。为了使大松塔的造型更形象生动，设计使用了三种规格的木板，共185片防腐木板鳞片构成，其中大45块，中69块，小60块。塔身内部有三层，中间用护网作为隔断，保证了使用安全性的同时大大增加了空间的趣味性，孩子们可以在松塔里完成登、爬、钻、滑等一系列的动作。

场景4

松果迷雾——参与性景观，大人小孩通吃

松果迷雾由迷雾灯、松果转转、松果喷雾组成。小孩可以玩，大人也可以玩。

使用当地的材料，生态的材料。

在周围如此自然的环境中，乐园应选用什么材料呢？设计师希望因地制宜使用当地材料、生态材料来打造乐园。树皮和沙不仅生态透水，也使孩子们产生了极大的兴趣，好奇地跟大自然接触起来。避免了塑料触感取而代之的是自然触感。挡墙和木桩都采用了山里就近的材料。游乐设施也使用原木系映衬自然的调性。山精灵松塔乐园希望成为孩子们体验自然的场所；成为孩子们调动视觉、触觉、嗅觉自发探索的山间坡地；成为孩子们打开脑洞创造性玩耍的冒险目的地。参与性的儿童空间与传统意义上的被动式空间、接受性的空间有着根本的不同。传统的儿童游乐场所可能元素非常的丰富和花哨，但行为单一，缺乏互动性，无法激发孩子们的创造力。未来，参与性、互动性、创造性或将成为检验儿童空间设计是否成功的重要标准。

建成时间:
2017
占地面积:
25,900平方米
景观面积:
23,500平方米
摄影:
崔宏强
业主:
洛阳金元古城文化建设有限公司

中国,洛阳

洛阳古城保护与整治

奥雅设计上海公司 / 景观设计

从来多古意,可以赋新诗。一切从文峰塔说起,这座位于老城东南隅东和巷东端的市级文物保护单位,是洛阳地区现存为数不多的古塔之一。旧时人们登临塔顶,便能纵目河洛大地的壮丽景色。沧海桑田,这座承载了老城人情感记忆的文峰塔尽显沧桑,而曾经的人文景观也随着那塔顶的风铃的消失而随风飘散。

依托文峰塔与金元古城遗迹等文物,景观将售楼处、新潭、水街、里弄等景观层层铺开,让游客在发现洛邑古城的同时,展开一段探索与体验之旅。

售楼处

售楼处古色古香,园中戏台正对文峰胜景,品茗赏曲时也可远眺文峰塔尖。其最大亮点在于引新潭之水入院,水系贯穿庭院整体,白天可映戏台高塔,夜晚可赏星空皓月。一瞬间仿佛梦回唐朝。庭院由连廊戏台为界划分,廊内有精美石窗,使庭院空间密而不实,透而不漏。厚重的铺地,古朴的文物与被潭水环绕的戏台相辅相成。摆件沉稳、潭水灵动。一如这焕发着新貌的古城一般。带走的是事物。带不走的是这与时代紧密联系的古城情怀。

划分售楼处内外空间的戏台,灵感来源于古典园林。景观创新地打破原有单一厚重的铺地这一思路,引新潭之水入园,于古朴稳重间加入水的灵动,使新潭与售楼处完美互动,也展现了唐朝包容并蓄的盛世之风。

戏台正对文峰塔尖,使售楼处密而不实,透而不漏。打破传统园林深墙大院的封闭,引新潭之景入园,为售楼处设计的一大创新。

售楼处旁的残垣为景观后期设计, 寓意重生, 洛邑古城不需要去编造什么传说, 那一砖一瓦, 那一草一木都在述说着这片土地的历史, 叙述着河图洛书, 百姓之源等文化的传说。

新潭

文峰塔自古便是新潭的中心。景观从古书典籍中觅得新潭往昔风采, 立德桥跨越新潭南北。一边是文峰塔与金元古城等历史遗迹, 一边是仿古制式

的亭台楼宇。站在桥上，仿佛纵观古今。唐朝新潭那"花明上已，柳暗长津。出金埒之游骑，下琼楼之美人；爱清流之亹亹，走香驾以辚辚"的盛况仿佛就在眼前。凭谁说"舞榭楼台，风流总被雨打风吹去"，匠心营造，我亦能再现盛世之景。

立德桥采用三拱洞式布局，拱洞周围亦有精致的石雕。桥面采用唐风比例栏杆，栏杆柱头坐有石狮。游人走在桥面感受新潭美景之时，古船穿桥而过。桥面铺装车马道与院内道路相连，形成更整体的空间流线。

水街

新潭之西，便是水街。感受了厚重质朴的建筑群与风光壮美的新潭后，于水街寻一家酒吧，喝一杯小酒，听一首小曲，赏一株牡丹。让澎湃的心情归于平静。或许你也能从这中原景致中觅得"小桥流水人家"的景象。

里弄

中国的古街太多，多到大同。古街里的景点太多，多到小异。如何让洛邑古城的里弄不同于其他的里弄，让游客能流连忘返。景观也从里弄的形与神两方面着手设计。以洛阳本土文化出发，如牡丹、姓氏，打造不可取代的文化线，将古质的摆件结合现代的景观，古为今用。让游客能坐一下、听一下、品一下、戏一下。丰富游客的感官体验。打造不一样的里弄，独属于洛邑古城的里弄。

区别于大多数古城，景观在保证宽敞行走路面的同时，给每一栋建筑都留足了外摆空间，使游客能走走停停，增加游园时间，使业态能够良性生长。在铺地方面，景观也做了多轮推敲，行走空间选择荔枝面黄锈石花岗岩做旧处理，保证古意的同时提亮了古城的色调，减少了灰色调带来的些许压抑，店铺外摆采取灰色青石，区别于行走路面。使得色调均衡，又丰富游园体验。

从来多古意，可以赋新诗。洛邑古城的再现不仅仅是对往昔的留恋与追寻。更重要的，是留住那些已经模糊的记忆与情怀。让其在新的时代里焕发出崭新的生机。洛邑古城，一座生长着的古老的城市。

中国，成都

"竹园"

成都研筑舍建筑设计有限公司 / 景观设计

建筑师：
杨保新
结构顾问：
韩克良
景观建筑面积：
460平方米
摄影师：
一筑一事、刘樵、杨保新

"竹园"——菊乐牧场亲子园是在菊乐乳业企业的奶牛生产基地中植入亲子儿童园的"活化"项目，亲子家庭可以在这里体验健康牛奶生产链的源头，并亲近自然和土地。

现场环境条件

项目位于乡村环境中的奶牛生产基地中，牧场分为三个主要的区域，生产区、办公区和生活区。本次亲子园区的范围为生活区的室外场地，形状狭长。

设计方案立意

植根地方文化和风土环境，运用可持续材料"竹"，挖掘手工艺潜力，追寻"材料-结构-空间-形态-肌理之整合"的诗意建造表现，营造具有东方意境的当代竹空间，建立人、自然与土地的和谐关系。

"竹"选择及理由

"竹"作为本项目的重要元素，园区所有建筑物均为原竹建筑，这源于四个层面的考虑：文化、生态、地域、时代。文化层面，"竹"融入古今文化、艺术和生活，成为一种特色的文化符号。生态层面，竹不仅于材料成品本身，并追溯其建筑全生命周期，其低资源消耗和低环境代价有着其他材料难以媲美的优势，可以很大程度减小对环境的干预，贴切亲子教育的主题。地域层面，川西多竹，竹材易得，本项目竹材主要采伐于基地70千米外的邛崃竹林，设计师利用并改良当地传统竹工艺、发挥竹材特性，打造新地域建筑。时代层面，传统竹建筑很大程度遭遇边缘化，缺乏探索和创新，创造当代特色的竹建筑，丰富竹文化的内涵和外延，有着重要的意义。

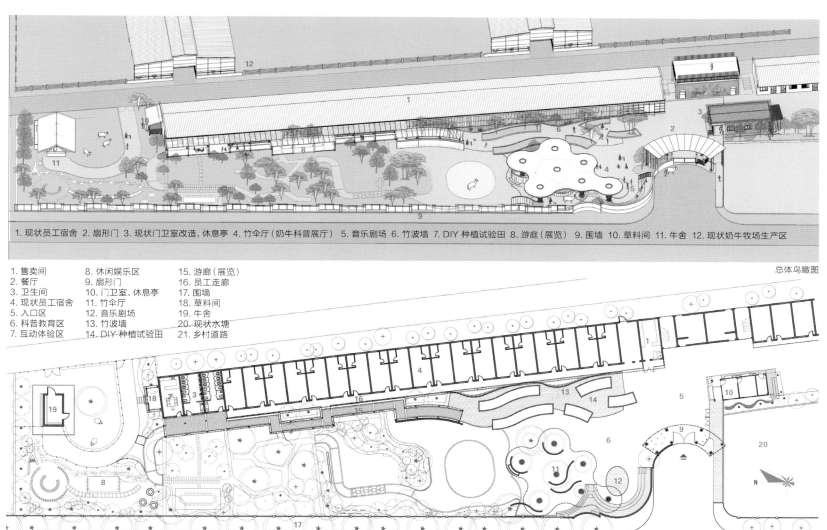

1. 现状员工宿舍 2. 扇形门 3. 现状门卫室改造、休息亭 4. 竹伞厅（奶牛科普展厅） 5. 音乐剧场 6. 竹波墙 7. DIY 种植试验田 8. 游庭（展览） 9. 围墙 10. 草料间 11. 牛舍 12. 现状奶牛牧场生产区

1. 售卖间	8. 休闲娱乐区	15. 游廊（展览）
2. 餐厅	9. 扇形门	16. 员工走廊
3. 卫生间	10. 门卫室、休息亭	17. 围墙
4. 现状员工宿舍	11. 竹伞厅	18. 草料间
5. 入口区	12. 音乐剧场	19. 牛舍
6. 科普教育区	13. 竹波墙	20. 现状水塘
7. 互动体验区	14. DIY 种植试验田	21. 乡村道路

总体鸟瞰图

一层组合平面图

21

竹伞厅结构体系

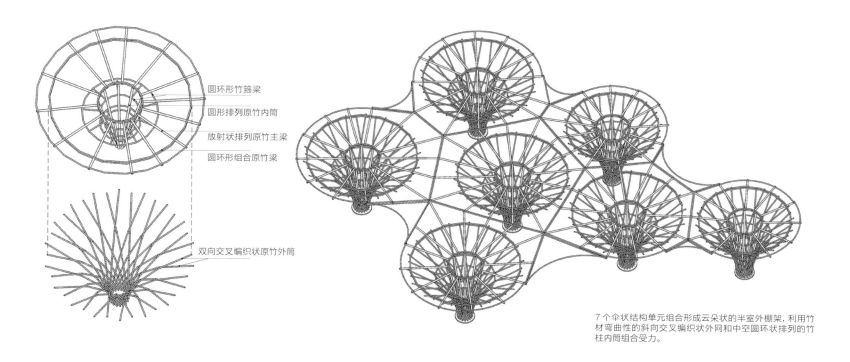

圆环形竹箍梁

圆形排列原竹内筒

放射状排列原竹主梁

圆环形组合原竹梁

双向交叉编织状原竹外筒

7个伞状结构单元组合形成云朵状的半室外棚架，利用竹材弯曲性的斜向交叉编织状外网和中空圆环状排列的竹柱内筒组合受力。

技术层面上的做法

　　竹材的耐久性：选用竹龄4~5年的竹作为主材，通过高温等物理处理方法降低天然竹材中的糖分，在檐口、中部、基础等重要位置采用合理的构造方式，保护竹结构避免其接触雨水，后期维护中定期观察，刷保护剂。以上技术措施大大提高了竹材的耐久性。

　　结构形式：所有建筑物均完全采用原竹的结构体系，运用多种结构类型，组合双筒结构、框架结构、框架支撑结构。

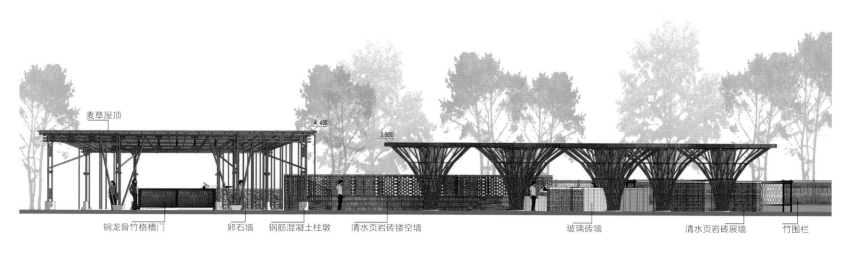

麦草屋顶

4.450

3.800

钢龙骨竹格槽门　　卵石墙　　钢筋混凝土柱墩　　清水页岩砖镂空墙　　玻璃砖墙　　清水页岩砖展墙　　竹围栏

竹伞厅、音乐剧场和竹扇门组合立面

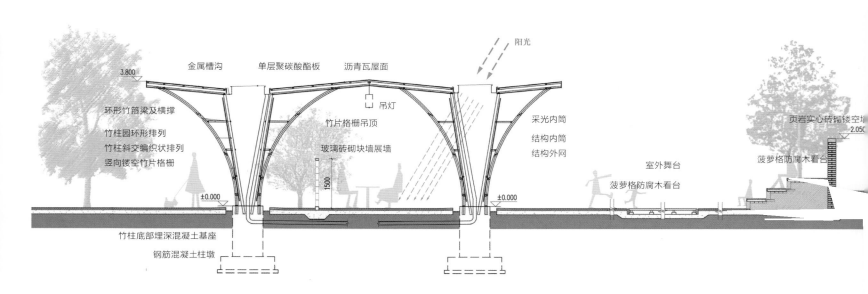

阳光

3.800

金属槽沟　单层聚碳酸酯板　沥青瓦屋面

吊灯

环形竹箍梁及横撑

竹柱园环形排列
竹柱斜交编织状排列
竖向镂空竹片格栅

竹片格栅吊顶

玻璃砖砌块墙展墙

采光内筒

结构内筒

结构外网

页岩实心砖砌镂空墙
2.050

菠萝格防腐木看台

室外舞台

菠萝格防腐木看台

1500

±0.000

±0.000

竹柱底部埋深混凝土基座

钢筋混凝土柱墩

竹伞厅、音乐剧场剖面图

中国，深圳

璞岸PURE33

深圳市阿特森景观规划设计有限公司／景观设计

面积：
40,000 平方米
业主：
深圳市嘉福房地产开发有限公司

　　PURE33璞岸，是一处极目青黛，宁静致远的绝佳度假地。我们以生态环境为背景，通过融合于自然的手法，将现代的景观设计融入原生自然环境中，同时体现居住生活的自然价值、艺术价值和生活价值。

　　基地原本的自然特征和居者生活追求的岛屿作为设计的母体，结合张弛有度的线条构成，共同构筑出岛居的理想与品质的度假生活空间。

场地空间
深圳东部的大鹏新区，是一个被规划定义为世界级滨海生态度假区的区域。

绵延的山脉，旷达宁静
项目坐落之处，四周连绵青山环拥，放眼望去，满目葱茏，一脉青黛，可观山林湖泊，亦可观林溪飘带，与喧闹拥挤的城市空间形成极大的对比，压力烦恼随之挥去，心随目境，悠然自得。

关于空间
场地现状 ＋ 周边环境 ＋ 建筑分析 ＋ 功能布局 ＝ 绝佳的景观视线。

　　高层区域的建筑以点状的"岛屿"形态布置，伫立在景观平台上，而别墅区则以更加集中的形式，形成了独立的岛状空间。设计师将景观空间与实际生活的活动巧妙融合，在营造景观美景的同时，给予良好的体验感，直接呈现了项目的品质和基调。

　　璞岸是时间与艺术流淌的动态空间，是生态休闲岛居生活方式的典范。

海的时尚艺术时空廊(入口空间)、
生态滨水休闲公园(会所景观)与海滩岛
居艺术花园(私享住宅),三大主题区共
同架构起了璞岸的景观脉络。

融入"林""汐""海"的元素,以
岛状的空间组团,打造蜿蜒的全浸入
式空间。

海的时尚艺术时空廊作为项目与
外空间的联系与过渡性空间,起于浪
与帆的时尚艺术空间节点,并在海滩
广场与其他两个主题空间汇合。

与传统概念中的旅游度假项目不
同的是,我们摒弃了纯生态的自然处
理手法,帆与海浪、水与绿岛、海底
丛林、光与影,多种元素在这个空间
里汇聚,构成了一幅幅美妙的空间场
景,海的蓝色、沙滩的白色、森林的
绿色,艺术活跃的生命力带来激情与
憧憬,伴随人们一同步入岛居休闲生
活,在时间的旅程中穿梭着、漫步着,
体验别样的海岛艺术之旅。

生态滨水休闲公园是璞岛的自然
边界,而会所的水上艺术厅堂则是公
园艺术景观的核心点,与水阶广场、
私享沙滩区、船头餐吧区共同形成了
会所的外功能景观区,公园向林溪及
外围林耕生态空间逐渐过渡为生态
休闲空间。

在这里,我们可以体验休闲岛居
的公共生活,感受海滨生活的浪漫情
境,抒发人们的真挚感情,张扬自我的
非凡个性。

从空间上这里是"林"到"水岛"
的过渡。运用欲扬先抑的空间手法,
引入小的岛屿以及地面浮岛的设计元
素。通过不同的层级的绿岛和细流,
为将要展示的"海滩岛居艺术花园"

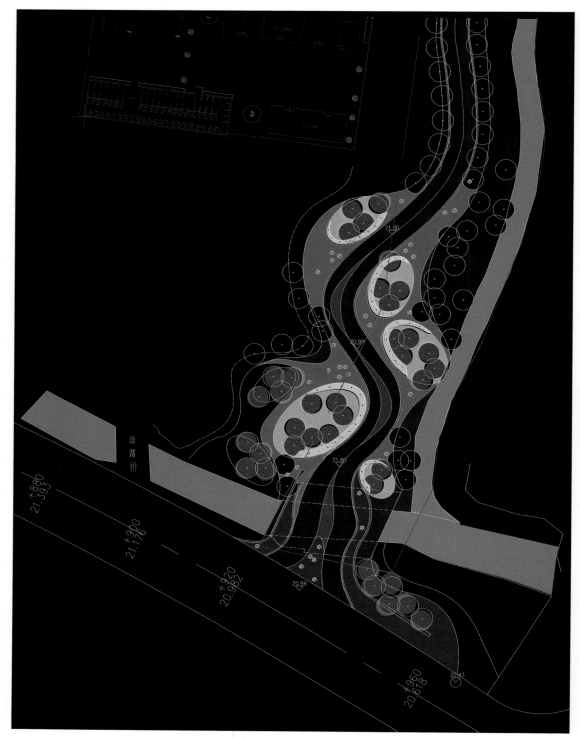

总平面图

做铺垫。同时,打造一个建筑悬浮在水面的视觉空间假象,给人以视觉上的
错层体验。

作为景观建筑与空间的联系性节点,会所与会所景观空间运用了现代立
体化的空间设计,结合景观,设计了对海的不同表达手法,构筑了无边际泳
池、水上艺术厅堂、激浪水花等,将其作为景观空间的核心性节点与三个主题
空间相联系。

矗于会所,面山临水,感受专门打造的全方位水岛体验,大的镜面水作为
会所建筑的依托,水岛与绿岛连绵延伸到水边。

上至二层的会所泳池,体验超大的无边际设计,身置水中,远眺绿林山峦。

纯净的水池颜色,无论是视觉,抑或是感官上,皆能更贴近、更融合于原生自
然。在星空和柔和点状灯光的配合下,远离喧嚣,找寻净土。

"海滩岛居艺术花园"以纯净的白色为基调,作为岛居的私享空间,如同
一片海滩花园,是海浪广场的延伸。

白色的园路犹如沙滩小径,将建筑艺术岛、水岛、生态绿岛、各种休闲功
能岛(BBQ、SPA、冥想等)有机的串联在一起,形态多样的景观节点,共同构
成了一幅潮汐的印象派巨作。走在不同的地方都将体会到不同的生活情境。
在建筑艺术岛上俯瞰,还能够感知平面构成的魅力。

概念图

— 示范区 & 售楼中心

济南鲁能领秀城公园世家展示区景观设计

无锡美的·公园天下

杭州绿城留香园生活体验馆

宁波东方公馆实体展示区

广州金地香山湖展示区

太行瑞宏朗诗金沙城展示区

融信保利·创世纪

上海周浦世茂·云图

上海·龙湖天钜

仁恒·公园四季

国泰璞汇接待中心

苏州湾·天铂

郑地·美景·东望

东原亲山

中国，济南

济南鲁能领秀城公园世家展示区景观设计

水石设计／景观设计

建成时间：
2016年
项目规模：
约12,000平方米
业主：
山东鲁能亘富开发有限公司

鲁能领秀城公园世家营销中心位于济南鲁能领秀城公园北侧山麓处，依山面北，可鸟瞰鲁能领秀城美景。

1.创意理念——用地范围规划营造，山麓景观空间串联，标杆项目价值提升。

营销中心位于领秀城公园的最东端，将原山麓上的运动公园、社区公园、样板房展示区等多元功能串联组织，空间有机整合，打造成为一个大型综合性的展示功能区，使得领秀城的标杆价值得到引领提升。

2.规划形态——因地制宜的规划布局构成标志建筑景观空间，打造创意性营销场景

营销中心总体规划将营销中心、样板房与音乐主题景观公园整合设计，与山坡地形融为一体，并成为领秀城公园的东端亮点。营销中心造型设计取自山脉形态，景观花园规划取自流水脉络，整体设计构成为极具有现代形式提炼感的"山形水悦"，塑造出具有标志性建筑景观空间，打造创意性营销场景。

3.设计理念——动线布局清晰明确，互动体验感受倍增。

营销中心功能布局按照营销展示要求，将销售接待动线和认购签约动线有机整合进行内部功能空间布局。动线布局清晰明确，使得建筑景观的互动体验感受备增。

营销中心为全钢结构异形体建筑；起伏跌宕、飞扬激悦的三维屋面勾勒出建筑整体外形；折叠伸展、纯净洗练的玻璃幕墙映衬出周边环境美景，具有鲜

总平面图

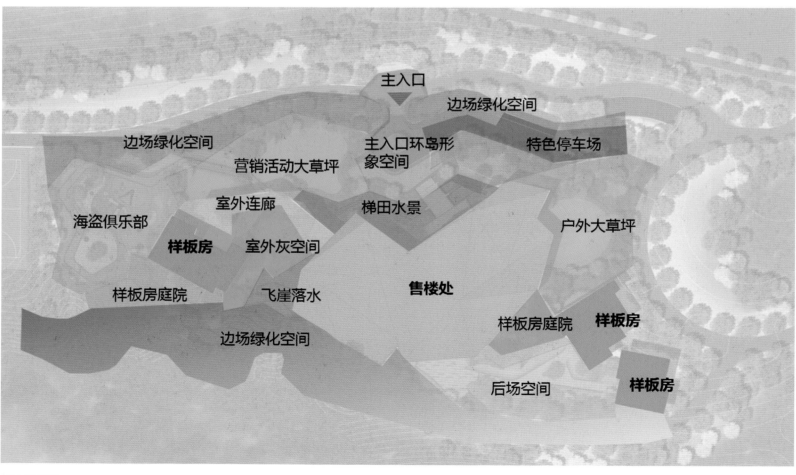

主入口

边场绿化空间

边场绿化空间

主入口环岛形
象空间

特色停车场

营销活动大草坪

室外连廊

梯田水景

户外大草坪

海盗俱乐部

样板房

室外灰空间

样板房庭院

飞崖落水

售楼处

样板房庭院

样板房

边场绿化空间

后场空间

样板房

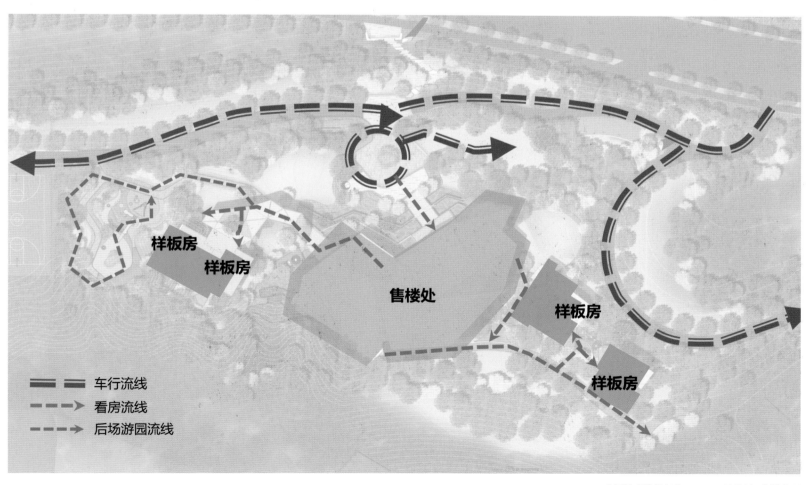

样板房

样板房

样板房

售楼处

样板房

样板房

━━ ━ ━ 车行流线

━ - - ► 看房流线

━ - - ► 后场游园流线

明建筑个性；空间变化、互动体验的室内空间精彩纷呈，并透过落地玻璃一览室外景观美景。建设成为具有地标性、感受性、互动性的营销中心。

鲁能领秀城公园世家营销中心展示区位于济南市市中区，舜耕路与9号路交叉口，占地面积约1.2万平方米。基地南侧为山体，西侧紧邻领秀城森林公园，周边已有较多领秀城成熟社区，大型购物中心及众多生态休闲公园，配套相对完善。

整个景观源于大地流线、山体肌

理的自然形态，有效地将山水景观与建筑融合形成山形水悦的空间体验，并围绕光影漫廊、漂浮于水面上的晶体、高山流水、船（儿童活动场地）的主题布局来满足不同人群的现代感体验。

建成时间：
2017年
面积：
80,000平方米
业主：
美的地产
摄影：
存在建筑摄影

中国，无锡

无锡美的·公园天下

上海魏玛景观规划设计有限公司／景观设计

作为美的地产落子无锡的重要力作，公园天下以5M智慧健康人居体系，创造契合无锡这座城市的产品范式，打造与众不同的美的生活哲学，为这座城市建筑更好的品质生活。

美的公园天下莅临映月湖畔，可谓建在公园里的小区，让你生活在天然氧吧。

景观风格：时尚的、奢华的、现代主义风格。

示范区主要强调酒店度假式的高品质生活体验感，丰富看房流线上的趣味性和体验感。

设计理念：映月湖畔、鸟语花香、时尚奢华的智能生态家园，由《梅园春早》赞美太湖美景的词句得到灵感，从梅花元素提取——转换为空间框架。

设计手法：通过对空间疏密关系的划分，自然形成空间的递进与序列变化，运用现代手法对传统美学进行再演绎。

设计还结合生态打造了一套美的专属生态系统，包括生态水溪、雨水花园、雾化系统三大块。

生态水溪指通过水底计划技术，种植水生植物，净化水质，营造水底森林世界；景观与休闲结合，以半亩方塘见山水，营造社区自然景观；以放坡、堆砌石头等自然式驳岸为主。

雨水花园将海绵城市理念运用到社区景观设计实现水资源有效利用，将景观草溪与涵蓄水、排水功能结合。晴天时，居民可以到草溪里嬉戏玩耍；雨天时，草溪可减缓雨水暂排量，消化部分水量，错峰排水；利用雨水花园原理对收集的雨水进行过滤净化，处理后的水可用于浇花、洗地等。

雾化系统能营造美好的景观环境，令人心情愉悦；具有增加空气湿度作用，降温降尘；增加有氧负离子，调节小气候的功能。

总平面图

中国，南京

杭州绿城留香园生活体验馆

会筑景观／景观设计

建成时间：
2016年3月
项目面积：
0.4公顷
摄影：
张海

"留香园"营造了一个"植物王国"的空间。先是在项目外部，从道路上远观，设计师希望有一种建筑是从树林中生长出来的感觉，所以选择了形态相似的一些树种穿插种植，好像自然界中的混生林，但又彼此不突兀；当我们进入项目内部以后，希望给人一种精致的花园庭院的感受，包括水庭中的垂直绿化墙、花庭中大大小小的圆形花池、草庭中干净的草坪，都是不同的尝试。

空间和设计元素的表现

设计在SU模型的基础上，设计师想到用手工模型来推敲细节。当水、树木、墙这些空间元素呈现在眼前的时候，设计师用手机镜头模拟人的眼睛游走在空间中，通过建筑体块开洞去观察空间，发现问题并解决问题。不得不承认，这是一种很好的设计方式。

建筑室内看入口

做手工模型也是对于图纸设计的一种实体验证与还原。空间按照比例缩放，能够验证尺度关系（竖向、距离等）和空间效果（镜面不锈钢墙对空间的放大）；材料表现上，也尽量符合实际的材料效果，比如静水面就用光面的塑料板表示、植物墙也用绿绒均喷等，包括乔木的高度和分枝点也是特地控制过的。

不锈钢作为主要材料

在整个设计、讨论、修正的过程中，建筑、景观、室内的风格形象都逐渐清晰起来。建筑以简洁明快的体块呈现，辅以清新粉墙修饰。配合"植物王国"的概念，白色、绿色在这小小的方寸之地，融合、撞击。与此同时，景观设计也更清楚了自己的着力方向，那就是给本项目创造一个纯粹、包容的基底，润物细无声的将建筑、室内、景观融合成为一整体。设计师发挥不锈钢镜面反射

的特点，使得有限的场地得以无限的延展，满眼尽是绿影、白墙。而此时的不锈钢已成为一种介质，现在看来不锈钢的使用是偶然也是必然的结果。

是想做成一个特别的系列，使用不锈钢的初衷，也是因为项目用地条件限制，希望通过不锈钢的镜面效果来扩大不同维度的空间（蝴蝶墙放大了水庭空间，静面不锈钢水池丰富了竖向空间）；同时，不锈钢本身所具有的现代感与可塑性也符合项目的定位。

蝴蝶元素的诠释

蝴蝶在丛林花海中漫天飞舞的状态很好地表现了留香园——植物王国的主题。设计从著名的百蝶图中获得设计灵感，将蝴蝶元素抽象化，把它提炼出来与新型的设计材料（不锈钢）进行结合，更好地把自然和艺术的氛围传达给使用者。

艺术来源生活，高于生活。在确定蝴蝶元素后，设计师从艺术作品中提炼其神、其形。结合不同场景特点，或在不锈钢上刻画、或在亚克力墙内侧修饰、或在片墙上若隐若现。期间，同工匠们一起制作模型完善设计，这一过程给设计师很多新的灵感和启迪。这些努力在最终的成果中部分得以实现。

印象深刻的空间设计

前场、边院的设计是个人很喜欢得。两片水夹起中间的车道，从体验馆中心往入口看，视线穿过水面、透过林荫，停留在蝴蝶墙上。同时蝴蝶墙又反射了水面、林荫，视野瞬间拉长了，很有意思。艺术家在镜面不锈钢上刻画了蝴蝶纷飞的场景，配合水幕，亦真亦幻。出于整体效果的考虑，水景树池摒弃了常规的做法，树干直接透过不锈钢树池，挺立在水中，简洁纯粹。

与前场的精致不同，边院设计显得自然而放松。作为一处室内休憩区的延伸，设计师希望室内外的景观是相互渗透而又有其独特性的，最终呈现的效果也确实达到了最初的预期。

项目的收获

项目建成后，最大的体会应该是对于新尝试的探索和坚持吧。项目中的很多点都是第一次尝试，过程中有自我质疑和纠结。甲方虽然有些担心，但都比较支持，再加上团队之间、与

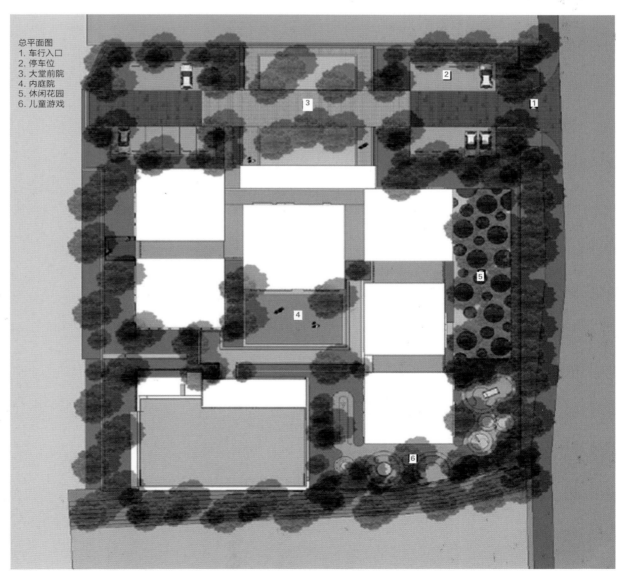

总平面图
1. 车行入口
2. 停车位
3. 大堂前院
4. 内庭院
5. 休闲花园
6. 儿童游戏

供应商、施工队之间的高效沟通、交流、确认，慢慢建立信心，最后实际效果也还不错。

收获还是蛮多的，汇报、现场、与材料商沟通、比对样板等。这样一个个流程跟下来，随着方案的变化，设计的推进，心态也在跟着调整。

在设计过程中对设计师触动比较大的是团队对业主诉求的理解和表达。举个例子，比如东侧花园，作为一直做古典景观的绿城来讲，他们在花园的设定上还是侧重于"花境"的感觉，跟设计师的设计理念还是有些区别的，结合"有花"的诉求，用设计师的方式去展现，结果是双赢的。所以，坚持在设计中很重要。

中国，宁波

宁波东方公馆
实体展示区

会筑景观／景观设计

设计时间：
2016年3月
建成时间：
2017年初
项目面积：
0.5公顷
摄影：
张海

东方公馆展示区我们命名她为迷你公园。首先，设计师希望她是美的，一种自然舒适之美，她是家的所在，而非遥不可及。其次也是非常重要的，设计师希望她是可被使用的，是用户生活的一部分，她会同其间的用户一起生长。如同彼得沃克对詹姆森广场的设想和关注，设计师也会持续关注用户和迷你公园之间的互动，最初的设想是否实现，是否在社区的成长过程中产生新的特别的需求。

实体样板展示区可能并没有临时样板区那么"酷炫"，在功能和空间上会更"接地气"，但设计师想这是一种直白质朴的方式将未来生活场景呈现给用户。比如对于女性和儿童的关爱，在设计时着意于母婴室和儿童活动场地的选址和细节考虑，可达性、私密性、安全的考虑、色彩的吸引等。设计之初所希望的，在建成后部分得以实现。当看到小朋友们对于儿童活动场地充满创造性地使用很开心，连钢管本身也成了攀爬的场所。

这个设计有个特别的地方，实体展示区作为为数不多的集中绿地，项目伊始就定位为整个社区的集中活动场地，希望能形成一个公共的、开放的空间；同时4米宽消防环道贯穿了整个场地，也就意味着设计无法通过常规的方式形成所谓"曲径通幽"式的公园。用地本身的限制加之赋予场地未来的功能属性，使得设计最终采用了流动的、互相渗透的方式来处理空间。

种植方式是结合空间需求来考虑的。设计师希望迷你公园是一个整体，而非一个个割裂的小空间。因此边界植物不需要完全阻隔人的视线，而是选择融入其中，成为其一部分，让不同空间的景致相互渗透。简约统一的种植

方式使得展示区的整体性得以加强，在每一个细分的空间会运用品种不同但形态相似的植物作为区别。

在设计之初我们即考虑将植被作为和石材、塑胶地垫等一样的材料来运用，只不过植物是有生命的、可根据四季变换的景观材料，而非简单的划分硬质场地和软景场地。设计师希望整个迷你公园的地被呈现绿毯一般的效果，作为地面"铺装"的一种，可以被识别。

设计师希望在给儿童带来新奇游戏体验的同时，儿童游戏场地在不使用的情况下也是一处有意思的雕塑化的景观。采用钢管这样易加工的材料作为连接一个一个儿童器械的载体，并将整个雕塑放置到草坡里，让其隐身在一个自然环境中，融入周围的场地。

整个迷你公园视觉上较为通透，即使站在最北端的回廊下，儿童游戏空间也是可以被识别的，使得钢管雕塑成为场地外一处特别的景致。钢管的设计高度、曲线经过了仔细推敲，不但要满足各类器械的装配要求，也充分考虑了在不同的场景中的视觉感受。

这次儿童游戏场地跟以往不同的是希望创造一个全龄使用的户外乐园（包括家长看护、老人健身），首先设计想营造一种自然的氛围，而草坡+丛生大乔这种方式很好地实现了这一点，另外钢管的形式比较自由、灵活，能创造出不同的造型，提供多种游戏使用方式，并且能极好地将场地串联为一个连续的整体。

在得出现有的组合方式之前，经过了多次比较、尝试，但是一开始的思考始终停留在场地+游戏器械的方式上。然而我们希望给孩子们带来的不仅仅是好玩的游戏器械，还有好玩的游戏空间。随后我们尝试将游戏器械与游戏空间进行穿插，在孩子玩耍的同时提供丰富的空间体验。当然，可玩性是儿童游戏场地的关键，但是游戏项目的多样是否意味着凌乱？儿童游戏是不是也可以很简洁很酷炫？

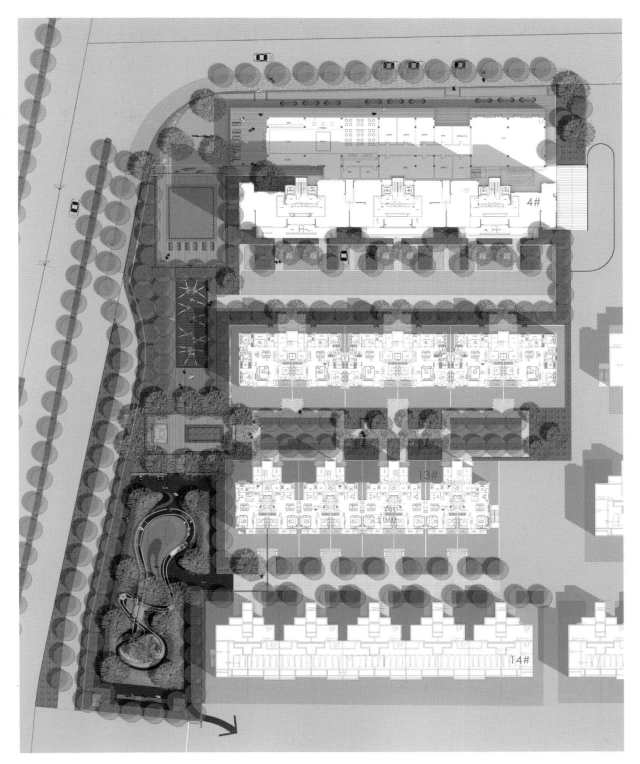

总平面图

从以上的思考出发，结合成本控制，确定采用草坡结合地形的方式来限定空间。1.2米高的草坡基本限定了10岁以下儿童的视线，形成了从开敞到围合的多重空间变化。在基本场地空间确定后，是不是只需要往其中摆放游戏器械就可以完成了？设计师希望她极具特点而让人印象深刻，显然仅仅止于此是不够的。

在考虑游戏器械时，有一个限制条件是，一条宽4米的消防车道穿越了部分儿童游戏区，这就意味着在消防通道的范围内，不能出现高出地面的设施。所

以，既能整合游戏功能又能较为灵活产生变化，适应场地条件限制的器械设计方案是这个场地所希望的。钢管是其中的一种可能。

材料本身灵活的塑造性，使钢管与草坡产生的圆弧形曲面得以契合，同时可以适应不同游戏功能。场地中，以两根平行的钢管为基础，通过竖向和水平的错落，布置爬网、秋千、滑索、戏水等设施。最终，一组别致生动的雕塑于绿色中婷婷伫立。

本项目建设开发基于多年来打造高品质景观展示区的经验，并不断做出创新与改善，力求打造出景观美学与生活品质完美结合的作品。香山湖项目是为适应客户需要而打造的度假感景观展示区及高端纯别墅社区，设计上采用的高贵典雅的英式建筑风格，景观上采用度假感酒店风设计风格，强调与自然的和谐共生，总体布局开敞大气，高差处理舒适，视域开阔绿化优美，展示区参观路径体验感多样化，连接多种不同空间的景观体验，全面的展示健康家的舒适体验，是理想中的第一居所。

区域环境

本项目位于广州市增城区北部，属于广州市荔湖自然生态保护区域，南邻荔湖高尔夫生态俱乐部，东临荔湖景观带，属于广州市难得的珍稀土地资源。地理环境优越。

项目定位

项目意在打造中国度假别墅社区，创造和引导超前的生活方式和理念。在遵守城市规控的同时，努力提升城市形象。

规划布局

考虑到项目所在区域的山地地形，利用因地制宜的方式，景观利用现有高差进行合理的环境设计。建筑位于半坡上并融入自然环境中，顿觉豁然开朗，体现"大山大湖"的尊贵轻奢度假感。

建筑设计

选用英式建筑风格，建筑外形丰富而独特，形体厚重，贵族气息在建筑的冷静克制中优雅地散发出来。

景观设计

规划与山地环境相融合，具有建筑之山脉形态，景观之流水脉络，构成"度假感强"的风情营销中心。景观重点突出设计创意，悬挑的景观平台叠级的水幕墙；设计强调建筑景观具有空间体验感、山间道路的曲径通幽、多维度景观场景层现。

建成时间：
2016年
项目规模：
20，000 平方米
业主：
金地集团
摄影师：
水石设计

中国，广州

广州金地香山湖展示区

水石设计 / 景观设计

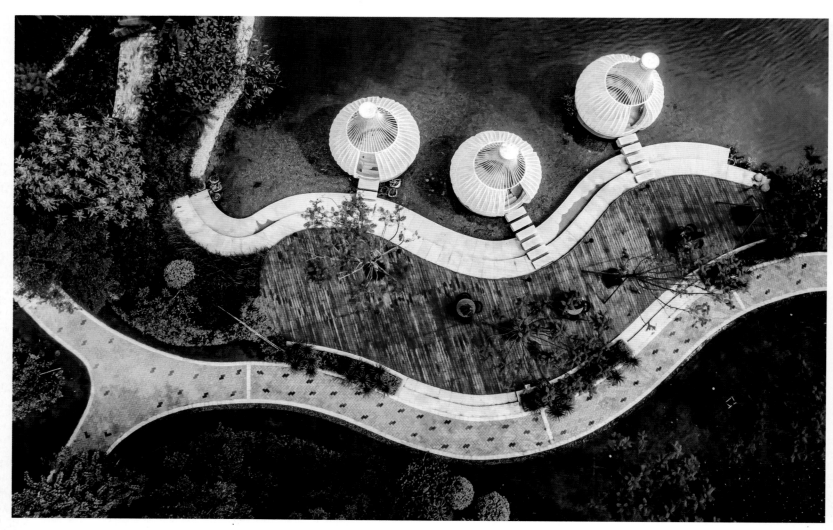

总平面图

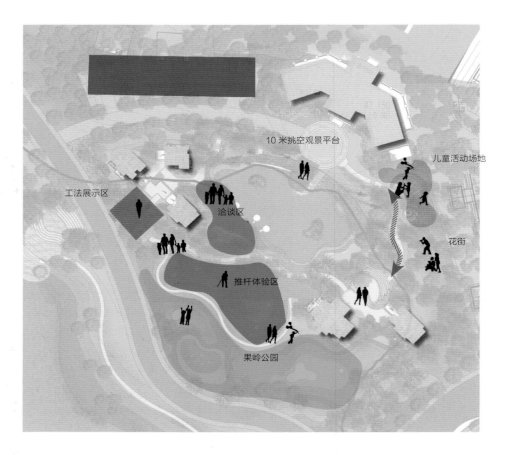

10 米挑空观景平台

儿童活动场地

工法展示区

洽谈区

花街

推杆体验区

果岭公园

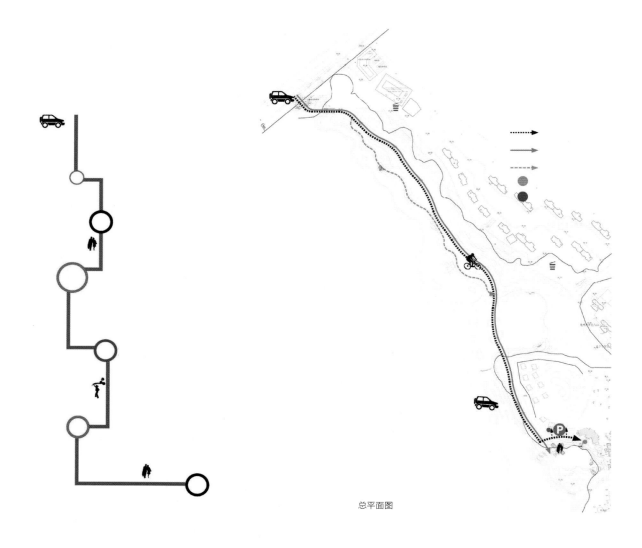

展示区设计

总平面图

建成时间:
2016年
摄影师:
陈志
面积:
26,500 平方米
业主:
成都太行瑞宏房地产开发有限公司

中国,成都

太行瑞宏朗诗金沙城展示区

成都致澜景观设计有限公司／景观设计

项目目前规划有近114万平方米的生态湿地公园、近20万平方米的生态水域,这意味着区域内近60%的面积将为公园和绿地。这在二线中心城市是前所未有的大手笔。同时,项目周边楼盘较多,作为序曲,展示区在设计初始就必须在景观上进行差异化设计,以突出独特的竞争优势。

楼盘建筑设计采用赖特草原风格与新亚洲风格的结合,吸取欧美中央公园居住区的经验,力求使建筑最大限度地融入自然。明快的线条和简洁的平顶设计,让建筑与公园景致相得益彰。

在这个前提下,景观设计团队认为要避免勾勒出一个风格迥异的展示区,应以相似的新现代主义和自然主义手法向建筑风格回应。同时,用大片的绿地与水景,向项目背后的宏伟规划致敬。

景观设计特色足

1.成都首座大地艺术中心

项目展示区的主入口紧临三环辅道,主入口外侧的大地艺术设计是整个展示区最壮丽的亮点。线性的台地式地形充满了强烈的现代感和流动感,独一无二的视觉感受吸引着人们的进入。

2.防尘降噪绿色技术

展示区层次感丰富的线性水景与台地式地形融为一体,点缀以色彩丰富的绿植,透出恰到好处的亲近感。台地式绿地上清脆的鸟语、开阔的草地,令都市人有回家的亲切感和放松心情。而这一切,都可以抵消城市生活和干道熙攘车流带来的纷扰和噪声。

3.立体穿梭花园

展示区建筑的外立面大量使用玻璃和石材,巨大的玻璃墙透明开放,深色略显粗犷的石材则注入了几分庄重感。

设计团队在这里采用了镜面水池与大面积阳光草坪的结合,让人体会到"半亩方塘一鉴开,天光云影共徘徊"的情境,动静之美皆具。大面积台阶式的绿色草坪,丰富多彩的儿童乐园,在创造开阔视线的同时,还提供了亲子休憩空间,自然而舒适。

展示区平面图
1. 主入口
2. 特色铺装
3. 跌级水景
4. 林荫大道
5. 展示区入口
6. 无边际水景
7. 儿童活动中心
8. **蝴蝶主题迷宫**
9. 样板房空间
10. 生态停车场
11. 展示区入口
12. 造型坡地

钱江世纪城地处杭州绕城公路圈中心，与钱江新城拥江而立，受到杭州主城辐射明显。东北到杭甬高速公路，西北至钱塘江滨，西南与高新滨江区相接，南连萧山城区，规划面积22.27平方千米，规划人口16万人，是杭州城市国际化战略发展中，最为活跃、最具潜力、最值得期待的发展板块。

设计想法

样板区位于全区的次入口及未来的幼儿园区域，景观借鉴中式园林造园精髓，用现代简约设计手法营造尊贵独享的四进式体验式景观空间，从一进外围门头的震撼与昭示感中进入体验区，到二进廊架静水面区域的沉淀，抛开外围市政繁华道路的喧嚣，沉浸到静谧的居住氛围，再通过三进绿意洗肺的林荫道路，到达四进售楼处前场的尊享空间，体验超尺度连廊构架从建筑到景观的空间构成，开阔的镜面水将建筑与景观连廊构架静静的映射在水中⋯⋯

震撼

入口空间：超大尺度城市展示界面，沿城市道路扩大延展面，尽显高端豪宅品质及城市昭示性。

沉淀

中庭景观：半围合的空间营造一种宁静的、通透的感觉，通过静水面区域的沉淀，抛开外围市政繁华道路的喧嚣，沉浸到静谧的居住氛围。

洗肺–绿意

林荫小道：使得景观空间充满节奏感，形成一座天然的氧吧。

尊享

第四进售楼处前场景观设计通过现代简约设计手法营造尊贵独享的进式院落的尊享空间，体验超尺度连廊构架从建筑到景观的空间构成，开阔的镜面水将建筑与景观连廊构架静静的映射在水中。

怦然心动如往昔，景中有情，境中容意，园林之大境也。

蓦然回首阑珊处，绿意丛生，碧影相映，坐望青草更青处。

清泉相涌，绿树相衬，米黄色构造仿若诗画卷轴，既是传统园林景观中的框景手法，又是场地中都市格调的体现。

一廊之间，静水相称，灯光浅隐，将室内外环境完美衔接，光与影之间，情与景之间，是艺术与美的低喃。

现代简约的元素符号，通过设计师之手，仿若帷幔萦绕，阳光洒过，光影变幻间，营造"日午画廊廊间过，衣香人影太匆匆"的诗意景观

时尚活力的建筑，搭配简约的景观线条，软硬景的合理搭配，人行其中不是过客，而是风景，营造"你站在桥上看风景，看风景的人在楼上看你"的诗意情境。

惊鸿一瞥间，为美而感动。

美的存在，是不经意间的触动。主题雕塑仿若清泉舞动的轻盈身姿，芳草有情，斜阳无语，移步换景之间，得万千形象之。

陈从周有言："园之佳者如诗之绝句，词之小令，皆以少胜多，有不尽之意，寥寥几句，弦外之音犹绕梁间。" 融信保利·创世纪在有限的空间内，将简约时尚的景观元素，在无形之景与有形之景的交相呼应之间，写景入画，打造出诗意人文的栖居环境，这之间既有突破创新，也有对传统文化的敬仰之意。

中国，杭州

融信保利·创世纪

上海摩高建筑规划设计咨询有限公司／景观设计

建成时间：
2017年
面积：
7,944平方米
摄影师：
邬涛
主要植物品种：
朴树、紫薇、石榴、红枫、含笑、无刺构骨等

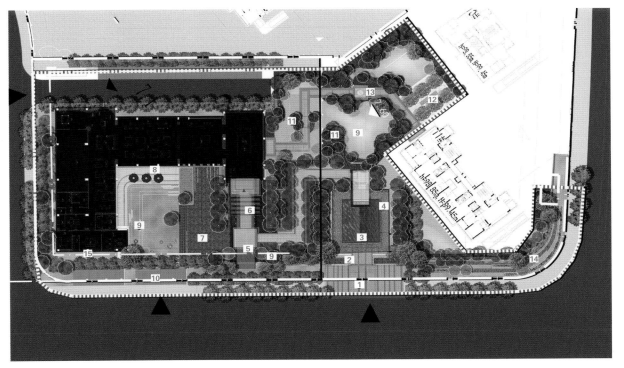

总平面图
1. 入口广场
2. 门户连廊
3. 镜面水景
4. 树阵前座
5. 亲水平台
6. 售楼入口
7. 景观水景
8. 会客平台
9. 阳光草坪
10. 停车区域
11. 微地形景观
12. 景观会客厅
13. 风雨连廊
14. 精神堡垒

种植设计

一、道路配置策略

车行道路植物搭配

树种选用银杏、石楠、海桐，搭配大叶黄杨、金叶女贞、红叶石楠等，从围墙侧开始至路边，三层灌木高度阶梯状递减。最大化规避车行对住户的影响。

人行道路植物搭配

小区内人行道路采用行道树加下层地被的种植手法，干净整洁，近建筑区域采用整齐绿篱遮挡。基调树种小叶朴、广玉兰等，绿篱采用珊瑚树等。

二、高层区配置策略

组团花园植物组团

建筑周边以弱化建筑边线及遮挡私密性的要求植物选择多层次的密植，同时考虑造价，植物在品种上选择当地乡土树种，规格中小。开花植物与色叶植物所占比例在30%左右，保证一定的景观效果又迎合功能性的要求。

入户植物组团

功能性区域广场、休憩坐凳、儿童活动场地等区域依然选用组团式的密植围合形成一个休憩活动的小空间，考虑人们活动的停留时间较长，以及遮阴等需要，在植物的选择上规格较大，树形较好，多种植一些特型植物，开花植物及色叶植物比例在50%左右，整个空间层次色彩较丰富，使人们的休憩活动区域更加舒适，更加具有趣味性。

主要植物品种：无患子、紫叶李、红梅、海棠、紫薇、结香、八仙花等。

春夏的生机与热烈

社区春景主要以樱花&春毛鹃两种开花植物体现，同时点缀垂丝海棠等植物，保证整个春季生机盎然、有景可赏；夏季的紫薇等开花植物以地被的月季以及夏鹃等衔接春季景观，打造一个春夏一体的植物观赏点。

秋的绽放与收获

整个小区秋景以色叶"黄""红"为主题，点缀观果类植物，主要秋季观赏树种为银杏、红枫、香泡等，集中种植配合点植，形成规模的秋季景观，给人以强烈的视觉对比，同时感受春华秋实的收获的喜悦。

冬的厚重与沉稳

整个小区的冬景主要满足足够的绿量，以缓和整个冬天带来的萧条感，整个小区种植常绿不落叶比为3:1，增加中层的绿量，主要常绿树种为香樟、香泡，中木为金桂、枇杷、杨梅等常绿香花及缀果植物，下木增加色叶的女贞、红花继木等在整个种植空间形成色彩的变化，使整个冬季不再沉闷。

竣工时间：
2017年
地点：
上海市周浦镇
景观面积：
49,284平方米
设计周期：
2015年3月 – 2016年3月
摄影：
潘光侠

中国，上海

上海周浦世茂·云图

道合景观/景观设计

　　项目位于上海市东南部浦东新区西端的周浦镇，周边配套较为完善，建筑为新古典风格。本案的红线面积为49,284平方米，其中建筑面积9,076平方米，景观面积34,872平方米，园区绿化率达到50%。

　　本案旨在探究那些在上海为梦想打拼的奋斗者的生活状态，用景观的方式给予他们认同感与归属感。

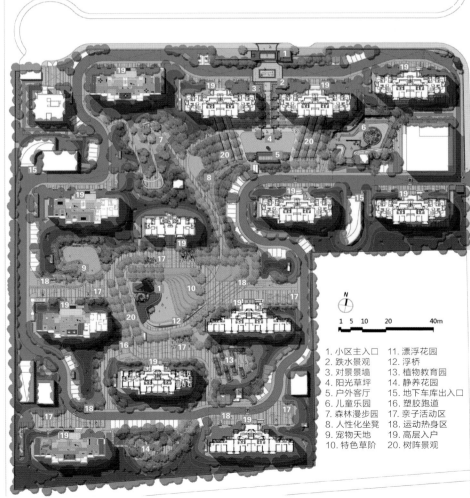

1. 小区主入口　　11. 漂浮花园
2. 跌水景观　　　12. 浮桥
3. 对景景墙　　　13. 植物教育园
4. 阳光草坪　　　14. 静养花园
5. 户外客厅　　　15. 地下车库出入口
6. 儿童乐园　　　16. 塑胶跑道
7. 森林漫步园　　17. 亲子活动区
8. 人性化坐凳　　18. 运动热身区
9. 宠物天地　　　19. 高层入户
10. 特色草阶　　　20. 树阵景观

总平面图

地块现状条件中有诸多难点：

1.消防通道与消防扑救面占据中庭大部分空间，且须全硬化；

2.地面新风井较多，且最大的新风井位于中庭中央，景观空间整体性被打破；

3.如何在低成本的限制之下，打造出具有品质感的住区环境。

针对这些难点，景观设计采取了三个设计策略

1.消防融入景观作为主要硬质空间，其他区域主要以软景打造；

2.利用中心通风井设计多层活动空间，提升景观亮点；

3.重点打造客户敏感的入口与中庭区域景观，其他区域次要打造以此平衡造价。

整体呈"一心一环七点"的结构。位于中庭的漂浮花园是设计的重点和难点，我们利用中庭2米高的通风井，将活动空间架空或下沉，形成多层穿插的景观活动综合体，上下的休闲空间为人们提供不同的空间感受。同时，我们探索出完善的园区跑道系统、消防登高面处理系统和停车系统，将登高面与消防通道完全融入景观场地，兼具美观和实用功能。尊贵入口、户外客厅、全龄儿童活动场地、森林漫步园、宠物阳光训练场、植物教育园、静养花园七个景观节点合理分布于园区内，为人们提供多种景观活动空间。值得一提的是，在景观的每一个细节中，都包含了我们对人性化的深入思考。

设计团队进行了多轮方案的深度推演，最终设计出内外兼修的"4D绿谷"——将人性化的功能、细节融入3D景观，搭配自然绿色，实现3D到4D的跃变，从3D到4D，多一个"D"多一份生活，倾力打造多层立体生活圈。以此献给未来"云图"里那些为生活奋力拼搏的人们。

建成时间：
2017年

面积：
7,300

摄影：
邬涛

开发单位：
龙湖集团

中国，上海

上海·龙湖天钜

上海摩高建筑规划设计咨询有限公司 / 景观设计

一水环绕，一桥横卧，

远远绵绵，细细潺潺。

前·言

设计综合场地现状，以建筑为基础，空间完整性为前提，借光影诠释时间的存在，寻求人与自然光线的关系与互动，在一桥，一念间，索引消逝岁月里的风雨如晦，探寻斑驳光线中的往日烟波。设计中多采用时尚简约的线条，在极简之中，实现空间布局的自然收放，线条绵延间犹若细水波纹在时间光影里的延伸。

至·简

大道至简，返璞归真，殊途而同归。

大尺度城市展示界面，地面采用黑色、灰色石材铺地以打造简洁清爽的前场空间，竖向空间内引入具有时尚感的斜角元素，丰富竖向空间美感的同时，彰显设计的简约优雅。入口门楼采用斜角式切入，在人的视觉感受中既有一定的空间导向性，又有足够的视觉层次，也为空间收放手法的巧妙呈现。

曲折·长廊

过前场，进门楼，转而进入曲折回返的艺术长廊，其间格栅数量呈渐变分布变化，打造出步移景异的观景视感。

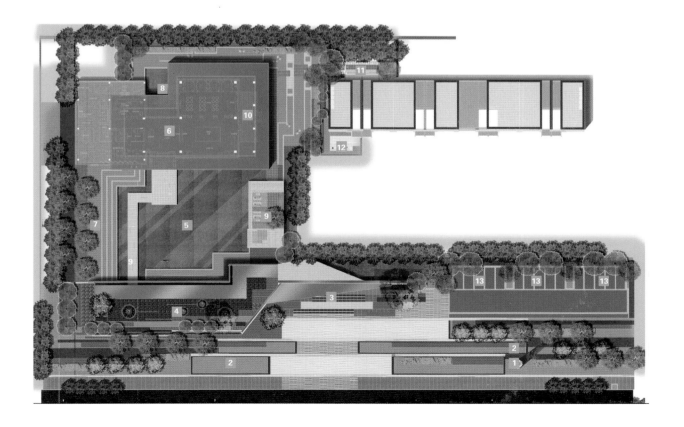

总平面图
1. 精神堡垒
2. 带状绿化
3. 入口门头
4. 艺术庭院
5. 静谧水镜
6. 售楼处
7. 条石草阶
8. 艺术雕塑
9. 景观会客厅
10. 洽谈区
11. 联排入口
12. 联排办公庭院
13. 访客停车

长廊与景墙的空间内，黑色砾石与细草相间，展现舒适的软硬搭配，极少的观赏树点缀其中，阐述着虚生万象的东方美学。在东方美学的世界里，满，则损，空，而灵。空满之间，事事有缺，虚生万象。在不紧不慢的漫步中感受时间光影的轻浅变换，在半遮半掩中感受镜谧水境之景。

滴水成道·筑桥为波

庄子之水不据大小，屈子之水唯我独醒，诗人见水孕育得诗，水亦是江南水乡文化之魂，一水相绕，一桥卧波，在细水波纹间呈现东西美学的贯穿连接。

桥的这头是我，我涉水而去。

桥的那头是你，你寻水而来。

售楼空间和户外会客厅空间犹若盛满故事的盒子半卧于水面之上，那般漂浮着、远眺着、静默着。

与谁同坐·轩

休息区正对镜谧水境之景，游人在洽谈的同时也能游目骋怀。其中木纹石与金属、木质材料的结合，经过精致的制作工艺，呈现出简约素净的肌理，以丰富空间整体外观。

一物·成景

一物成景，于细节之处呈现设计的别具匠心。

清风拂面，临水照影，彼岸如画，往事如烟，一桥，一念。

末·言

纵观整个空间，于水与绿相称之间，育出舒适的现代感半公共空间，于空间的自然转换结合中，唤起参观者的感官体验。

曾经沧海难为水，除却巫山不是云，本源的追寻、与时俱进的创新，才是设计之基脉。把这骨子里的水乡文化精神，幻做光影，幻做故事，放进盒子里，犹若小船，飘在水上，迎接人们去寻觅那消逝岁月里的涓涓眉目。

建成时间:
2016年
摄影:
安琦道尔(上海)环境规
划建筑设计咨询有限公司
面积:
1公顷
业主:
仁恒置业

中国,海门

仁恒·公园四季

安琦道尔(上海)环境规划建筑设计咨询有限公司/景观设计

仁恒·公园四季位于江苏省海门市南侧沿江开发带。属于海门市生态科技城的核心地带,距离海门市政府1.4千米、青龙港码头约5千米、长江江岸约2千米。未来借势崇海大桥,处于上海一小时经济圈内,是城市未来重点扩展方向。

售楼处用地位于整块住宅用地西北角突出处,与海门市历史建筑保护区隔南京中路相望,位于南京中路南侧,南靠汇智路,又与现有气象局范围相邻,属于珠江路东侧市政绿化带范围。

设计要求售楼处前场在销售结束后能够独立成为景观空间,示范区在销售结束后将回归市政景观的角色。此外,设计范围内又有一条15米宽的市政景观河流,将50米宽的市政绿化带一分为二,两端景观营造均有困难。同时,河流与道路之间的距离过大,难以提升河流沿途道路的景观感受。因此,我们建议在不改变涵管进出口的前提下,首先对河道进行优化。

如何处理和利用水系,既是挑战又是机遇。我们设计将河流整体向西侧移动,并将河流驳岸改成自然曲线,提高未来市政绿地的景观感受。优化后的道路与河流距离缩小到10米以下,使市政道路能够享受更多的滨水景观。同时也增大了道路与建筑的距离,更加适宜营造用作休闲活动的绿地空间。通过河流和绿化的阻隔,也减少了公路上汽车噪音与尾气对场地内部的影响。至此形成了更清晰的功能分区:即西侧为道路周边绿化,东侧为市民活动绿地。依托周边住宅与滨水优势,我们的设计目标是将该区域打造成具有特色的滨水生态休闲绿地。

整体结合建筑,设计将景观风格定为新亚洲风情,并与现代园林意境相结合,意在打造优雅自然、舒适宜人、宁静舒适的景观空间。用现代简洁的设计语言,简约的构图,丰富的细节,搭配示意的软景布置、植物围绕,共同营造现代大气而不失禅意的空间感受。室内与室外景观延续,做到无处不景的空间体验。

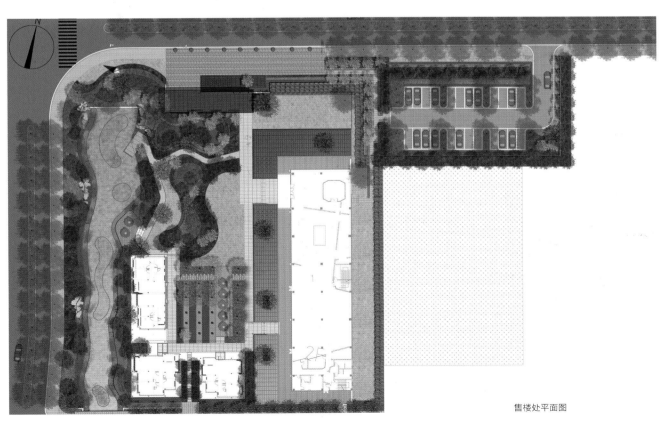

售楼处平面图

中国，台湾

国泰璞汇
接待中心

周易设计工作室／景观设计

面积：
17,33.7 平方米
业主：
美的地产
摄影：
和风摄影，吕国企
主要材料：
铁件、木格栅、水泥板、紫檀木、大理石、玻璃
景观植栽：
五叶松、孟宗竹、罗汉松

本案发想肇基于临时建筑如何低调融入周边地景，深度推演极简量体与环境的对应关系。建筑本体以方整的矩形打开横向面宽，设计上以简洁的水平、垂直线条结构，搭配大小不规则拼接的灰阶水泥板，展现建筑体外观的素朴与精致，更结合擅长的点状、带状情境光源，凸显绿地、水景承托主建物的轻盈之美，隐喻内敛中蓄势待发的生命力。

几何延展的灰阶量体，左侧依适当比例浮凸利落的钢构、茶玻架构，宛若琥珀光盒般的意象，与水泥板的粗犷恰成生动对比。访客驻车后自树篱开口走上踏阶平缓渐升的抿石子步道，跟着迂回转折的步道灯光指引，可以欣赏沿途相随的无边界水池安静地倒映漂浮水面的点点光影。主建物前端分别有两道成90度角的屏风墙，运用细腻的墙体开窗方式，让视觉有条件穿透，赋予随机变化的框景效果。两墙中间围拱着前方圆形凿孔的天井廊遮，在这圆孔下方精心栽种绿竹，服膺取法自然的绿建筑概念，在视觉的导引上，则透过前后景的巧妙设计，兼具维护隐私与美化地景的实质意义。

推开特制竹编大门进入售楼处内部，亮黑色地坪延展的空间开阔而深邃，动线配置也如同简约外观的延伸。醒目的迎宾柜台是巨大的空间光点，由摺纸概念而来的立体天棚与柜台基座，分别以木作搭配人造石建构，如同钻石立体切割的形体，在焦点灯光衬托下尤其力道道劲，横斜其间的黑色树枝，别具设计者独有的风格印记味道。此外，柜台后靠的水泥板背墙穿插错落黑玻，除了让硕大墙体更有层次，也让墙后办公室内的工作人员，可以透过玻璃窥视孔随时照看前台动静。

柜台旁有方以大面格栅衬底的角落，用来展示兴建中的建筑模型，同样钻石立体切割的白色基座，透过上方自天花板深处悬垂而下的烟囱式聚光照明，凸显精妙的情境光源效果。独立洽谈区的设计相当注重来客隐私，刻意降板的地面铺设长毛地毯，点缀其上的鼓凳带出微妙的东方人文，∏型环绕的沙发同样低台处理，而嵌于沙发中央的装置艺术，利用相互衔接的亚克力棒，媒介上下光源的传导，表现烟雾般轻盈的光纤之美。设计者也特地在这里导入苏州庭园"有景则借、无景则避"的概念，配合横向大面玻璃窗，计划性地将窗外灰墙内的绿竹、光影意象吸纳入内，过滤多余街景杂质；仅保留室内人们立姿、坐姿时面外视窗最美的部分，也创造一处气氛安全隐秘却又无比舒适的洽谈环境。

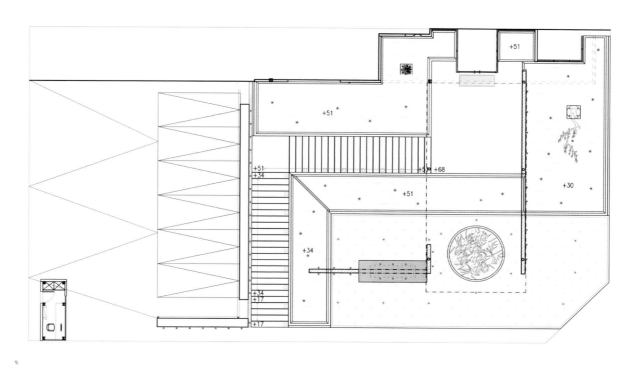

景观平面配置图

建成时间:
2016年
面积:
15,876 平方米

中国, 苏州

苏州湾 · 天铂

易亚源境 / 景观设计

典雅的苏州承载着所有人对江南的想象。

苏州湾·天铂正是设计师对苏州印象描摹; 如果说现实属于北方, 那么江南无疑是古典浪漫的发源地。没有大漠孤烟、金戈铁马, 有的是端庄精致, 有的是山水小榭, 古旧阁楼, 十里荷花。而苏州湾·天铂表现的不仅仅是诗画笔调般的精致秀美苏州, 还是千年古城的尊贵气韵苏州。

示范区景观根据建筑布局和设计范围, 以水的元素作为核心设计语言, 在总体层面规划了七个各具特色的主题空间。各个景观空间之间环环相扣, 借鉴了古典园林起承转合的经典空间处理方式, 为客户塑造了丰富的视觉体验, 也是对地域深厚文化底蕴的现代传承。

整个示范区的动线安排将各个景观节点衔接为层层递进的空间序列, 注重客户在参观过程中的情绪体验, 在游赏的过程中自然地感受到未来社区的环境品质, 对样板房的参观也巧妙的成为了游园的一个景点, 不经意间将公寓户型呈现在客户眼前, 让整个参观过程成为一个精彩的游园之旅。

为了强化客户在示范区参观过程中的场所印象与情绪调动, 景观设计在建筑布局的初期进行了竖向标高的前置设定, 让示范区的核心区域由北至南呈现为逐层递高的场地关系, 不仅让各个景观空间呈现了鲜明的视觉特色和步行体验, 也让贯穿示范区的水景运用场地高差展现出丰富的形态变化。

空间解析

潮流广场

主入口广场由大面积的水纹肌理铺装铺设而成, 也提供了宽裕的集散空间, 塑造了到达后的第一个视觉印象。层叠而上的景观台阶衔接着镜面水景和水纹肌理的特色景墙呈两翼逐次展开, 拥抱着宾客的来访。精致的铜艺屏风和灯具的运用则在细节层面进一步打造了主入口大气、典雅的尊贵门户形象。

礼仪大堂

层跌水景、铜艺花窗景墙、银杏树阵、景观大道为轴心, 呈左右对称的格局。多层次、立体化地塑造了一个让客户感受到高规格礼遇的轴线景观。

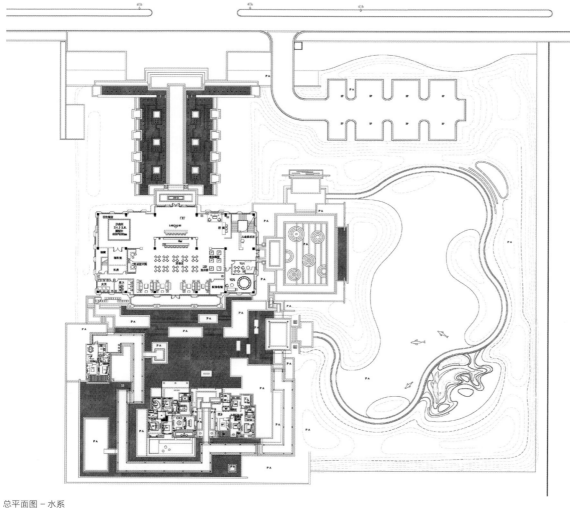

总平面图－水系

景观大道运用铜艺的镶嵌，将水纹肌理强化为引导性强烈的定制铺装，彰显贵宾式的礼遇。丰富的几何构成展现为错落有致的动态水景，拥抱着景观大道，以欢悦的形态迎接着宾客的到来。精致的花窗景墙与整齐的银杏树阵则进一步强化了景观边界与礼仪序列。

流瀑绘卷

运用场地的高差，后场水庭的水景在这里呈现为气势磅礴的飞瀑景观，为售楼大厅呈现了一幅动感十足的画卷。而后场水庭的天际线也宛若古典园林的写意错落，若隐若现地呈现在游人眼帘，吸引着宾客继续前行，一探究竟。

禅意茶庭

作为售楼大厅出发前往参观样板房的另一个景观节点，茶庭依托建筑营造了一个静谧的禅意庭院，传递了骨子里的东方居住情怀。

以中式元素"茶"作为核心载体，借鉴了枯山水的造景方式，呈现为涟漪水韵的写意画面。

水韵的肌理也通过工匠手工打凿的方式，呈现为颇具创意的主对景墙进而成为了示范区的一张"名片"。

质朴元素水罐作为对传统生活的追忆，丰富了庭院竖向上的视觉感观。

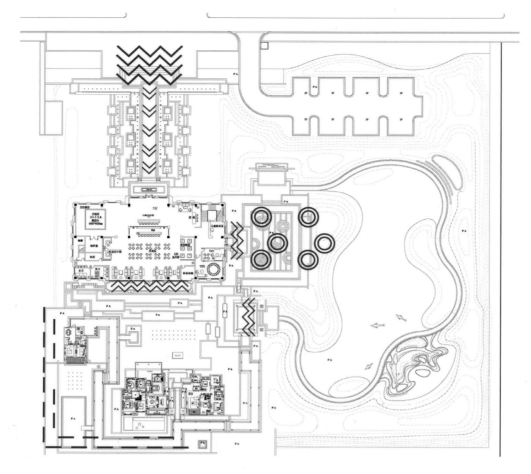

折　　水浪 ⟶ 气势

环　　水韵 ⟶ 禅意

序　　水流 ⟶ 雅致

感应喷雾系统则让这里增添了云雾缭绕的诗情画意，犹如闲云野鹤的隐士之地，远离城市的喧嚣。

片岩山石描绘了茶庭另一幅山水画卷，作为茶脉源头的演绎。其前方的休憩木平台为宾客提供了合适的停留场所，可以进行茶艺或古琴表演，增添了示范区的情境体验。

河滨花园

优美的弧形园路为客户提供了舒适的河滨漫步体验，为即将到来的样板房水庭参观作了舒缓的心情铺垫。多层次的绿化组团描绘了未来社区宜人的生态环境，传递了绿色健康的生活理念。阳光大草坪丰富了绿化空间的收放，同时也是展示区户外活动的天然舞台。

折 〰〰〰 水浪 ⟶ 气势

环 水韵 ➝ 禅意

　　休憩木平台和海洋主题游乐场地分别提供了欣赏河景和亲子游乐的场所，展现了未来社区的生活氛围。

格调水庭——星河连廊

　　连廊作为水庭的核心元素，源自苏州古典园林的造园方式，以连廊串联起水景、样板房建筑、绿化种植，曲径通幽、步移景异，让宾客在游园的过程中不经意间进行了样板房的参观。镂空的顶部格栅，源于对星河的模拟，无

论是日光的投射还是夜景的照射，光影的巧妙应用带来的视觉享受，为连廊赋予了浪漫的现代主义情怀。

格调水庭——缤纷水景

　　连廊的设置在组织参观动线的同时，也让水庭的水景以不同的姿态呈现在客户眼前，丰富的空间处理让水庭犹如一首协奏曲让漫步其间的宾客对未来水岸生活产生曼妙的畅想。

序 水流 ➝ 雅致

格调水庭—— 休憩场所

依托连廊和建筑，水庭在宾客行进过程中设置了不同尺度的休憩空间，感受不同的滨水体验，也为样板房提供了舒适的户外客厅。

创新与记忆

水景

一个城市要称得上美丽，必须要有协调的自然风光，有灵气的水是绝不可少的，项目位于江南水乡苏州吴江毗邻秋枫河，社区定位为流水酒店式公寓。

示范区采用了水景作为总体景观的核心元素，在不同的景观空间运用了大量现代感的几何切面，通过不同线条的组合变化展现为特色鲜明的形态和独特的魅力，有效的渲染了示范区的体验氛围。

肌理

水的设计语言不仅作为实体水景展现，也演绎成为本案独树一帜的设计符号，呈现为地面铺装和观赏景墙的肌理，展现出不同气质的视觉感受，为不同的景观空间增添了鲜明的特色，成为客户脑海中的一大记忆点。

铜艺

铜艺技术的广泛运用也是本案颇具视觉冲击的景观亮点，无论是延续水纹肌理的各种灯具、塑造迎宾礼遇的门户屏风，还是精雕细琢的镂空花窗、富有创意的星河连廊，都让整个示范区呈现出高端的艺术品质。

总结

整个设计不仅使用融合时代需求和品质雕刻的设计语言，而且对情境感的表达、虚实结合的体验、动线心理调节有着自己独特的感想，颜值与内涵并重的天铂势必要塑造兼具地标性与品牌性的形象展示旗舰。

建成时间：
2016年

主创设计团队：
苏君强、方利建、邹张荣、邵建

面积：
115,000 平方米

摄影：
美景集团、HWA安琦道尔

业主：
美景集团

中国，郑州

郑地·美景·东望

安琦道尔（上海）环境规划建筑设计咨询有限公司／景观设计

　　本案位于郑州郑东新区，金水大道以南，仁和路以西，永盛路以北地块，距离郑州市区30千米。示范区分为南部市政绿化代建体验区和北部售楼中心及实体样板区两个部分。场地周边多为荒地、工地，环境条件较不理想。因此，如何在嘈杂环境中营造出静谧、舒适的主调氛围显得尤为重要。

　　整个项目风格以现代中式为基调，提炼与运用了大量中式元素。在材料运用上以灰色为主调，墙体材料为当地的一种青色铺装石材，不同的研磨工艺、铺贴方式呈现出不同的效果，铺装材料则是芝麻灰大整板，简洁现代。

　　示范区入口门头的"竹节"景墙，青色石材像竹节一样铺贴的立面，现代简约不失中式韵味。从两扇大门看进去，一块泰山原石立于正中，此石重约20吨，两棵黑松环抱左右，与喷泉流水相映成趣、相得益彰。内部空间的"山形"挡土墙与地面米色砾石结合，隐含自然山水之意。整个样板区"竹林巷道"融竹于墙，纵横交错，巷道楼栋错落分布其中，通过青石、竹纹、光影、漏窗之美，重拾东方人居的从容与雅致。

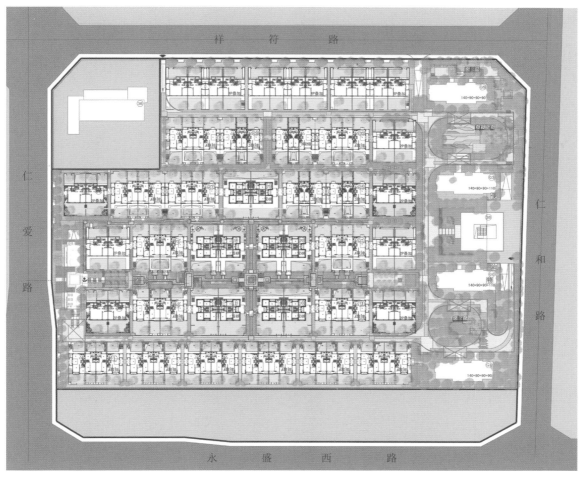

总平面图

中国，南京

东原亲山

RDA景观设计事务所／景观设计

建成时间：
2017
项目面积：
56,000平方米
示范区面积：
9,100 平方米
摄影：
存在建筑摄影

因树为屋随遇而安，开门见山会心不远。

这是胡适先生曾亲手写过的一副对联："随遇而安因树为屋,会心不远开门见山。"其所描述刚好满足时下人们对生活的一种返璞归真的追求，人们越来越希望所居之所被自然风光所环绕，"回归山林"之类住宅理想被反复提起，比起有都市感的公寓，自然感强的居所被现代人更加青睐。可望、可行、可游、可居，正是东方人精神上始终追求的理想居所。

场地介绍
南京，古称金陵，秦淮六朝古都，自然山水环绕，历史文化悠久。这次有幸接到的委托是位于南京宝华山下的住宅项目，周围覆盖了大面积的自然山水资源，山林、水库、田园、森林……场地的整体走向自下而上，最大的高差有20米。

设计初想
本次设计重点在于表达隐逸山居的东方禅意，我们将胡适这句代表东方居住情景的描述融入在了这个置地半山的项目当中。为山居者营造颇有仪式感的回家体验。通过设计给"山居者"带来舒适的望、行、游、居的心路历程，拉近其与自然的关系，也将这朦胧远山的神圣感留在山居内，让步景观于人，使之回归心灵。

东方居所的空间范本
东方建筑的范本往往由平面铺开，是伴随着质朴生活的空间组合，而气氛则重在生活情调的感染熏陶。我们将回家的体验根据地势的从低到高，做了五次主要的递进，入口开始，蜿蜒曲折，每个递进都有不同的体验，与风景同在形成一组有机群体，将空间意识转化为时间进程，一路风光旖旎，自然而然。

随遇而安因树为屋
入口作为给人们第一印象的空间，我们将设计拓展至市政绿化以维持空间的整体感，利用入口高差关系形成望山之景；我们将房隐于后，引树为屋，加强了来访者与两棵大树的关系。连廊的设置加强了空间的纵深感，连接入口和水庭之间，入口隐约藏于林间，但又与内庭相互交流。内庭与连廊之间形成框景之势，如同一幅画卷，不管是穿行在庭内还是廊中皆有一种"你在园内看景，我在廊中望你"的意境。

中庭树池化繁为简

通过狭窄竹木过廊将视线收缩引导至内庭，开敞的内庭升华宾客内心的变化，大面积静水景和曲折的过汀，水中树池和干净的背景墙的处理让庭院更加纯净。立面上，运用东方禅意意境将立面化繁为简。同时，在材料及艺术手法上融入山水自然之肌理和意向，以"水"之阴柔与其和谐相生以澄净宾客之心灵。

上山步道，曲径通幽的竹径拾级而上，狭窄的通廊再次将视线收缩，通过空间视线的开合，给人一种朝圣的心里体验，枯山水景观庭院让宾客的心灵再次沉淀，便在隐隐约约处可看见远处林间的屋舍一隅。

山门庭院开门见山

山门作为真正的售楼处大门，整体以东方禅意的形式打造，门内通过植物竖向的种植引导加强空间的纵深感和仪式感。向山门外望去，远山朦胧而神圣，人的住所与自然在这里有了进一步的联系，远方的山光、树影、轻雾都收入这门中，山门作为媒介将生活与远方合为一体，形成了视觉上更加开阔，精神上更加自由的东方美。

自然山居会客茶室

茶亭，通过山门由迎宾者引领，走上轻盈的台阶上行至茶亭，由侍者带领来到客座，品一壶山水，让心灵再次升华。在这里侍者为客人奉茶，行"和、

敬、清、寂"的茶道思想与可"望、行、游、居"的山居空间在这里终于汇合，看山光树影，听树沙鸟鸣，感清风扶过，品茶禅一味。

在此休息片刻，回味一路风景悠然，最后通过水阶连廊，轻盈踏往建筑内部的售楼处。

匠心细节

要将设计师脑海中的景象以及韵味展现出来，其中巧妙的细节设计至关重要。运用当地人古法所砌的毛石墙与轻洁的白墙结合，将历史与现代美结合在一起，不仅外观清朴典雅，在使用方面还可以隔水且防霉。

茶亭前的飘石如薄雪一般，让人不忍轻踏，飘石下隐藏着支撑的钢件，将薄石轻盈地托起，从人的视线角度上看像是悬浮在水面的薄雪，而实际上的承重比看上去要结实的多。

结语

从入口到售楼处，景观设计考虑了整体性，同时推敲了递进的布局，这当中的变化，有的畅通、有的阻碍，空间有张力的收放，从而带给人更多联想和情感。种种巧妙的向自然借景，用视线的虚实将建筑与自然的风景结合，在这山居中灵活发挥，迂回曲折，趣意盎然。

INDEX
索引（设计公司）

北林苑景观及建筑规划设计院有限公司

EADG 泛亚国际

道合景观

欧博设计

奥雅设计上海公司

奥雅设计北京公司

易兰规划设计院

北京土人城市规划设计有限公司

深圳市新西林园林景观有限公司

HASSELL 事务所

北京清华同衡规划设计研究院有限公司风景园林二所

艾绿尼塔

毕路德设计

柏涛建筑设计（深圳）有限公司

成都致澜景观设计有限公司

俪和景观

房木生景观设计（北京）有限公司

SWA 集团

SED 新西林景观国际

会筑景观

深圳市东大景观设计有限公司

安琦道尔（上海）环境规划建筑设计咨询有限公司

贝森豪斯设计事务所

深圳市万漪环境艺术设计有限公司

水石设计

山水比德集团

深圳市何小强景观设计有限公司

重庆承迹景观规划设计有限公司

北京甲南园林设计事务所

贝尔高林国际（香港）有限公司

三尚国际（香港）有限公司

GND 设计集团

上海北斗星景观设计工程有限公司

上海翰祥景观设计咨询有限公司

上海摩高建筑规划设计咨询有限公司

安道设计

安博戴水道

澳派景观设计工作室

TERRAIN 景观规划城市设计事务所

达林卡设计咨询（上海）有限公司 （WAA International, Ltd.）

深圳市阿特森景观规划设计有限公司

上海魏玛景观规划设计有限公司

北京土人城市规划设计有限公司

川璞景观设计

清创尚景（北京）景观规划设计有限公司

奥雅设计北京洛嘉团队

奥雅设计上海公司

成都研筑舍建筑设计有限公司

周易设计工作室

RDA 景观设计事务所

主　　编：杨学成
执行主编：梁尚宇
编委（排名不分先后）：

房木生、俞孔坚、庞　伟、唐艳红、陈靖宁、詹　鹤、
郑　锋、郭钧辉、单秀凯、王　卉、成　效、杨　政、
刘扬、李克、李　涛、胡炳盛、梁海峪、虞娟娟、
祖丽君、胡启民、邵　建、何小强、杨　舒、许大绚、
张淞豪、王艺霖、刘文静、祁　锋、唐继平、王　月、
陈　啸、张进省、周　易、王伟业、范传虎、高蒙蒙、
刘家平

图书在版编目（CIP）数据

中国景观设计年鉴 2017 ：全 2 册 / 杨学成主编．—
沈阳 ：辽宁科学技术出版社，2018.5
　　ISBN 978-7-5591-0628-5

　　Ⅰ．①中… Ⅱ．①杨… Ⅲ．①景观设计－中国－
2017 －年鉴 Ⅳ．① TU983-54

中国版本图书馆 CIP 数据核字（2018）第 023803 号

出版发行：辽宁科学技术出版社
（地址：沈阳市和平区十一纬路 25 号 邮编：110003）
印 刷 者：鹤山雅图仕印刷有限公司
经 销 者：各地新华书店
幅面尺寸：240mm×305mm
印　　张：75
插　　页：8
字　　数：600 千字
出版时间：2018 年 5 月第 1 版
印刷时间：2018 年 5 月第 1 次印刷
责任编辑：杜丙旭　宋丹丹
封面设计：何　萍
版式设计：何　萍
责任校对：周　文

书　　号：ISBN 978-7-5591-0628-5
定　　价：618.00 元（全 2 册）

联系电话：024-23280070
邮购热线：024-23284502
http://www.lnkj.com.cn